世界记忆大师
教你学科记忆法

崔中红·著

中国纺织出版社有限公司

内 容 提 要

身为中学生的你一定会感叹，如果掌握高效记忆法，那么庞杂的古诗文和英语课文、背了忘忘了背的英语单词、总是易混淆的历史年代和条款、多到数不清的文学和地理常识就能过目不忘，学习成绩轻松攀升了吧。世界记忆大师崔中红在本书向你传授了针对任何记忆材料都有效的三大记忆法——锁链拍照法、故事摄影法和定位点焊法，这些方法很容易理解，但是熟练掌握和综合应用并不容易，所以崔老师以各学科丰富的记忆材料举例，手把手教会你针对记忆材料，转变思维，灵活高效地运用记忆法，做到记得快、记得牢、记得准确。

图书在版编目（CIP）数据

世界记忆大师教你学科记忆法 / 崔中红著. ‑‑北京：中国纺织出版社有限公司，2020.8

ISBN 978‑7‑5180‑7335‑1

Ⅰ.①世… Ⅱ.①崔… Ⅲ.①记忆术—青少年读物 Ⅳ.①B842.3‑49

中国版本图书馆CIP数据核字（2020）第071309号

策划编辑：郝珊珊　　责任校对：韩雪丽　　责任印制：储志伟

中国纺织出版社有限公司出版发行

地址：北京市朝阳区百子湾东里 A407 号楼　邮政编码：100124

销售电话：010 — 67004422　传真：010 — 87155801

http：//www.c‑textilep.com

E‑mail：faxing@c‑textilep.com

中国纺织出版社天猫旗舰店

官方微博 http://weibo.com/2119887771

佳兴达印刷（天津）有限公司印刷　各地新华书店经销

2020 年 8 月第 1 版第 1 次印刷

开本：710×1000　1/16　印张：12

字数：194 千字　定价：49.80 元

前　言

我的"世界记忆大师"之路

　　我出生在安徽省阜南县的一个农民家庭，有着和各位类似的童年，每天不断地重复着同样的事情：上学、放学、吃饭、睡觉。当十几年的学习生涯结束，离开学校时，我决定要出去闯荡一番。于是，我带着仅有的几百块钱，独自一人来到广东。在举目无亲的异乡，我尝遍了四处求职的辛酸，更体会到了生活的艰辛。身上的钱很快就花光了，无奈之下，我进了工厂，每天早上7点半上班，晚上要加班到凌晨1点多，有时候甚至加到2点，每天至少工作16小时，那种辛苦相信不是所有人都能体会到的。对于这样的生活，我由刚开始的不适应到慢慢适应，由不习惯到慢慢习惯。

　　就这样日复一日、年复一年，当年的豪情壮志已经在这种生活中消失殆尽了。但雄鹰终究是要展翅高飞的，我决定从工厂走出去，要改变自己的命运，把自己的能力发挥出来。一次偶然的机会，我接触到了快速记忆法，也了解到世界上有一种记忆力方面的比赛——世界脑力锦标赛，对此我产生了极大的兴趣。我开始通过网络去了解这方面的信息，搜到了中国记忆力训练网，并参加了张海洋老师的记忆大师班。

　　掌握记忆方法以后，我开始坚持训练。后来我得知2010年第19届世界脑力锦标赛在中国举行，便决定去参赛。我为自己定下目标：2010年一定要获得"世界记忆大师"称号。当时有一个同事说我是"癞蛤蟆想吃天鹅肉"，而我只回了一句："燕雀安知鸿鹄之志！"

　　确立目标后，我抱着坚定的信念，开始给自己设定训练计划。每天凌晨1点下班后，我都要训练到2点多再睡觉，早上6点半起床，洗漱完后训练15分钟再去上班。

在无数个寂静的夜晚，周围的人都睡着了，我一个人在灯光下默默地训练，只有秒表的嘀嗒声和手中扑克牌的摩擦声在陪伴着我。就这样，我一张一张地推着扑克牌，一张一张地记忆，常常不知不觉就睡着了，几分钟后又会惊醒过来，接着开始记忆。曾经有无数次，我都梦见自己在记忆扑克牌。

别人都说世界记忆大师的训练是一个枯燥的过程，但我一点都不觉得枯燥，因为我脑子里时时刻刻都在想着我的目标：我要成为世界记忆大师。那时的我已经达到了一种痴狂的地步，每天晚上不管多晚都一定要训练，如果一个晚上不训练就会觉得那天的事情没有完成。当看到自己的成绩不断地进步，离世界记忆大师的标准越来越近时，我心中的那份喜悦是无法言表的。

那一年，我的床上每天都放着20多副扑克牌和一堆天文数字、随机词语等训练材料。功夫不负有心人，2010年12月，在广州举行的第19届世界脑力锦标赛上，我获得了"世界记忆大师"称号，我的辛苦和努力总算没有白费。

从那以后，我便投身教育行业，进行记忆法的普及和推广。这些年来，我走遍祖国的大江南北，服务于多家培训机构。在多年的培训工作中，我收集了大量宝贵的资料，经过对这些资料的系统整理，著成这本书。该书蕴含了我多年的心血和汗水，综合了多家培训机构的智慧，书中介绍的行之有效的方法在无数中小学生身上都已得到证实，相信一定会对你大有帮助。按照本书所讲的方法去努力训练，你也一定能够成为"最强大脑"。祝你成功！

2019年10月于广州

目　录

上 篇

世界记忆大师都在用的记忆法

第一节　记忆有多重要

21世纪，人类进入一个崭新的时代，以知识经济为主的社会经济模式展现在人们面前，人们需要更快、更多、更牢固地学习并掌握各类知识。谁能在最短时间内掌握一门知识或技能，谁就能成为新世纪社会的排头兵！而缩短学习时间最快捷的方式，就是掌握快速记忆的方法。

对于学生来说，记忆力好就是一张王牌。无论学习哪门功课，记忆力都起着主要的作用。为了考试，必须牢记所学的内容。除了考试之外，要想将所学的知识灵活运用于实践中，记忆更是必不可少的。不光在校学生需要记忆各学科的知识，社会上的人也需要记忆各门各类的知识，以便参加成人考试、职称考试、公务员考试等。许多人都有这样的感受：参加工作之后，要静下心来学习真是难上加难。既要工作，又要照顾家庭、子女、老人，等到能抽出时间看书的时候却不是犯困，就是感到腰酸腿疼，剩下的就是想躺下直直腰，睡一会儿。所以，要拿下职称、获得学历，没有超强的记忆力，是很难实现的。

古今中外，凡在社会各个领域中有所建树的人，大都具有很强的记忆力。美国的石油大王洛克菲勒、钢铁大王卡耐基等，他们的成功跟他们记忆力超强有很大关系。

有许多政治家、军事家也是凭借惊人的记忆力获得了巨大的成功。周恩来总理就具有惊人的记忆力。张闻天曾说："周总理的大脑就像一台电子计算机，只要会见一次，他就把你记住了。"

据说法国历史上最著名的军事家拿破仑能够记住每一个士兵的面孔和名

字，能将18世纪军事家所重视的一切军事理论全部熟记于心。他常常在战事激烈之际，捕捉到转瞬即逝的战机，不用看地图仅凭记忆就能果断地发布命令，从而改变两军的命运，使他的大军犹如狂风席卷了整个欧洲。他的名言"没有记忆的大脑，等于没有警卫的要塞"流传至今。

美国邮政最高首脑吉姆·法里的成功也跟他超强的记忆力分不开。吉姆10岁时就进入砖厂做工，由于家贫，没有机会接受正式教育，后来他却当上了美国邮政局局长和民主党全国委员会主席。曾有人问他成功的秘诀，吉姆坦言，除了工作努力以外，他还拥有超强的记忆力，他能叫出5万人的名字。

吉姆凭着惊人的记忆力和高超的交际手腕赢得了人心。在罗斯福竞选美国总统时，吉姆每天写几百封信，发给全国各地他所认识的朋友或只见过一次面的人，然后他开始拜访各个州。每到一个镇，他就会很快认识一批当地人，然后又奔向下一个镇结识新的朋友，回去后立刻列出一路上新认识的朋友名单，给他们每人写一封信。这些出色的活动为他争取了无数的朋友和支持者，最后他成功地帮助罗斯福竞选成为美国第32任总统。

可以说，要想成就一番事业，如果没有良好的记忆力做保证是很难实现的。尤其当今处于信息大爆炸的时代，要想不被社会淘汰，就要不断学习和记忆。在这样一个需要终生学习的时代，记忆力的重要性不言而喻。

记忆也是我们学习、工作和生活的基础。没有记忆，任何学习都是不可能的，工作也就无从谈起，生活也会变得极为困难。而有了超强的记忆力，就可以让我们的学习、工作和生活变得更加轻松，从而达到事半功倍的效果。

美国有一位著名的推销员拜访了一位名字非常难记的顾客。这位顾客叫尼古得玛斯·帕帕都拉斯，别人都只叫他尼克，而这位推销员在拜访他之前，特别用心地记下了他的全名。当这位推销员用全名向他打招呼，"早安，尼古得玛斯·帕帕都拉斯先生"，这位顾客呆住了，过了几分钟，他都没有答话。最后，眼泪滚落到他的双颊，他说："先生，我在这个国家15年了，从来没有一个人叫出我的全名，你是第一个。"这位推销员也因此成交了一笔订单。

一个人要想获得巨大的成就，就必须获得知识、积累知识并运用知识。弗朗西斯·培根曾说过："一切知识都只不过是记忆。"可见，超强的记忆力对我们的学习、工作和生活是多么重要，它从各个方面影响着我们的人生。你是否也想拥有超强的记忆力呢？本书将为你揭开记忆的真正面纱，破解"最强大脑"的密码，让你掌握当今世界上最先进的记忆方法。认真学完本书的内容，你会发现原来记东西是那么简单，经过训练，你也能成为"最强大脑"，你的人生将由此发生不可思议的魔术般的转变！

弗朗西斯·培根
（1561—1626）

第二节　记忆的起源和发展

自从有了人类，记忆也就开始服务于人们。在远古时代，人们为了生存，要记住周围的环境，还要分辨出哪些动物或植物对人有害、哪些有益，要学习如何寻找食物、如何应对各种自然灾害。

要把这些经验一代一代传递下去，就需要记忆。新西兰毛利族的首领卡马塔那能够记住全族45代人（长达1000年）的历史，这些内容足足够他背上三天三夜，而他却从不看笔记。

要把这么多东西记住，单靠死记硬背是非常痛苦的，甚至是不可能做到的，所以必须掌握高效而且牢固的记忆方法。记忆法便由此诞生。

记忆法就是记忆的方法或手段，其作用是增强记忆信息的储存和回忆，它包括两部分，一是信息的储存和编码，二是对储存信息的回忆。

　　古时候人们就已经开始使用结绳记事的方法，印加人能够用结绳记下十分复杂的长篇史诗。

2500年前，古希腊人已经开始学会使用空间位置法进行记忆，西塞罗（Cicero）在他的《演说家》中描述关于希腊诗人西莫尼底斯（Simonides）的故事时谈到了这种方法。故事说，在一次许多人聚集的宴会上，西莫尼底斯受命朗诵一首赞扬两位神灵的抒情诗，就在这时，两位神灵差遣使者把他从宴会上叫了出去。在他离开之后，宴会的屋顶塌了下来，留在里面的人全部遇难，无一幸免。死者血肉模糊，无法辨认尸首，西莫尼底斯却根据每个死者在宴会厅的位置辨认出了全部尸体。由此空间位置法便诞生了，古希腊的很多演说家通常不用演讲稿，而是通过这种空间位置法来记忆要演讲的内容，后来经过完善，最终演变成了今天的地点定位法。

古罗马时期，人们在记忆理论上的研究很少，但是他们发明了罗马家居法和直接联想法。这些方法非常实用，现在许多书上讲的快速记忆法都有这两种方法的影子，只是稍微做了一些改进，但实质内容是一样的。

17世纪中叶，英国出现了以霍布斯、洛克为代表的联想主义心理学派。霍布斯对记忆现象做了唯物主义的分析；洛克则在欧洲心理学史上第一次提出了重要的记忆现象——联想，此后"联想"便成了专门的术语。第一个在心理学史上对记忆进行系统实验的是德国著名心理学家艾宾浩斯。他对记忆研究的主要贡献一是对记忆进行严格数量化的测定，二是对记忆的保持规律做了重要研究并绘制出了著名的"艾宾浩斯记忆遗忘曲线"。1885年他出版了《论记忆》一书，从此，记忆就成了心理学研究的重要领域。

现代人越来越重视对记忆方法的研究，尽管当今的科学技术已经有了长足的发展，但与揭开记忆之谜还相距甚远。我们现在谈的快速记忆多是指运用那些经过实践后能有效提高记忆力的方法、技巧，使之更好地服务于我们的工作、生活和学习。

大约从1980年开始，我国有关记忆学研究的专著、译著相继出版问世，

1984年我国第一家记忆研究会成立。梦真、王维、曾宪礼、王进收等第一批有影响力的记忆专家们对中国快速记忆法的普及推广做出了巨大贡献，其后的倪新威至今在中国快速记忆领域也仍旧很有影响力。1989年中央电视台春节晚会，中国记忆科学的发展又上了一个新台阶。在姜昆的主持下，王维先生和他的学生杨术表演"活字典"节目，一本1万多字的《新华字典》能够倒背如流，任点任查，令世人惊诧。

2002年亚洲首位世界记忆大师、马来西亚籍华人叶瑞财博士在中国开办了记忆法培训学校，他的首批弟子张杰和王茂华在2003年参加了在马来西亚吉隆坡举行的世界脑力锦标赛，双双获得"世界记忆大师"称号，成为中国最早的两位世界记忆大师。这也是中国人首次参加世界脑力锦标赛并获此荣誉。

2007年，由苏新民教授带领的中国国家队参加了在中东巴林举行的世界脑力锦标赛，获得2金、4银、1铜的好成绩，总成绩跃居世界第二，为中国赢得了荣誉。

2010年第19届世界脑力锦标赛在广州举办，标志着中国的脑力开发事业又上了一个新的台阶，这也是在中国首次举办世界脑力锦标赛。本次大赛共产生了24位世界记忆大师，总成绩世界排名第一！

2014年和2015年，世界脑力锦标赛又分别在海口和成都举行。2015年，在成都举行的第24届世界脑力锦标赛上，来自世界各地的278名选手进行角逐，这是有史以来规模最大、参赛人数最多的一次比赛，全球400家媒体对大赛进行了跟踪报道。本次大赛共产生72位世界记忆大师，其中年龄最小的只有10岁。

近几年，各种记忆培训班在全国各地如雨后春笋般遍地开花，随着江苏卫视《最强大脑》节目的热播，越来越多的脑力爱好者加入脑力开发行业中，更多的人从中受益！

第三节　记忆的过程与类型

记忆是人类心智活动的一种，属于心理学或脑部科学的范畴。它代表着一个人对过去的活动、感受、经验的印象累积。记忆有多种分类，主要按环境、时间和知觉来分。在记忆形成的步骤中，可分为下列3种信息处理方式：编码，即获得信息并加以处理和组合；储存，即将组合整理过的信息做永久记录；检索，即将被储存的信息取出，回应一些暗示和事件。

《辞海》中"记忆"的定义是："人脑对经验过的事物的识记、保持、再现或再认。"识记即识别和记住事物的特点及联系；保持即暂时联系以痕迹的形式留存于脑中；再现或再认则为暂时联系的再活跃。通过识记和保持可积累知识经验，通过再现或再认可恢复过去的知识经验。从现代的信息论和控制论的观点来看，记忆就是人们把在生活和学习中获得的大量信息进行编码加工，输入并储存于大脑中，在必要的时候再把有关的储存信息提取出来，应用于实践活动的过程。

由此我们可以给记忆下一个定义：所谓记忆，就是个体对其经验的识记、保持和再现的过程。

识记是记忆的开始阶段，获得知识经验的记忆过程；保持是识记过的经验在脑中的巩固过程。

再现包括回忆和再认。回忆是指经历过的事物不在眼前，能把它重新回想起来的过程。再认是指经历过的事物再次出现时，能把它认出来的过程。

我们可以用下面的表格来描述。

记忆的3个基本过程

过　程	（1）识记	（2）保持	（3）再现
阶　段	信息的输入和编码	信息的储存	信息的提取

根据记忆信息保持时间的长短，可将记忆分为瞬时记忆、短时记忆、长时记忆。

1. 瞬时记忆

瞬时记忆是指个体通过各种感官受到刺激所引起的短暂性记忆。当刺激停止时，信息在感觉中保持不超过2秒。瞬时记忆时，大脑对感觉信息还没有进行心理加工，人们还没有意识到所感知的事物就忘记了。

2. 短时记忆

短时记忆是指储存时间不超过1分钟的记忆。例如，你打电话时，不知道对方的电话号码，查了一下电话簿，记住了那个电话号码，按数字一个个往下拨，就需要短时记忆。如果你不特别用心记住它，过一会儿就忘记了，再打时还要再查。

短时记忆的容量大约为7±2，意思是说，如果用一组数字来衡量记忆容量，那么这组数字的个数大约是7个，上下误差一般不超过2个。例如，一组数字4731685296，你以1秒钟1个的速度读一遍后便进行回忆，那必定会出错，因为它超出了短时记忆的容量。这一特性对于我们把记忆材料分成适当的组块是有一定意义的。

3. 长时记忆

信息储存1分钟以上直至一生的记忆都叫长时记忆。长时记忆信息的保留是永久的，是印象十分深刻的记忆。长时记忆可以永久保留，但有时也会遗忘。不过这种"遗忘"的信息在适当条件下是能再现的。比如，你学会了骑自行车这种技能，即使20年不骑车，20年以后再骑，除了有些生疏外，骑自行车的基本技能你并没有忘记。同样，学会了游泳，即使你长期不游，再过10年甚至20年你还是会游。

瞬时记忆、短时记忆、长时记忆关系表

	保存时间	储存容量	向下阶段转移
瞬时记忆	1~2秒	数以千计	瞬时记忆的信息受到注意时进入短时记忆
短时记忆	1分钟左右	7±2个项目或事件	短时记忆的信息得到重复能够进入长时记忆
长时记忆	永久	无限	经常复习可巩固长时记忆

另外，根据记忆的内容可将记忆分为形象记忆、词语逻辑记忆、情绪记忆和运动记忆；根据感知器官可分为视觉记忆、听觉记忆、嗅觉记忆、味觉记忆、触觉记忆、混合记忆等。这里不再一一详述。

第四节 左右脑分工理论

20世纪美国著名的心理生物学家罗杰·斯佩里博士通过脑割裂实验证明了人的大脑不对称的"左右脑分工理论"。

正常人的大脑有两个半球，两个半球之间由胼胝体连接进行沟通，构成一个完整的统一体。在正常情况下，大脑是作为一个整体工作的。来自外界的信息经胼胝体传递，左、右两个半球的信息可在瞬间进行交流，人的每一种活动都是两个半球交换和综合的结果。大脑的两个半球在功能上有分工：左半球感受并控制右边的身体；右半球感受并控制左边的身体。所谓脑割裂实验，就是将大脑左、右两个半球之间的胼胝体割断，让每个半球各自独立地进行活动，彼此不能知道对侧半球的活动情况。

由该实验得知：左脑主要负责语言、数学、逻辑、顺序、分析、理解等，因此被称为理性大脑，又被称为学术脑、语言脑；右脑主要负责创造、想象、图像、情感、空间、韵律等，又被称为感性大脑、宇宙大脑或艺术大脑。

罗杰·斯佩里博士被誉为"右脑先生""世界右脑开发第一人"，他的研究成果为人类脑科学研究作出了巨大贡献。

右脑主要进行形象思维，是创造力的源泉，是艺术和经验学习的中枢。右脑的存储量是左脑的100万倍。然而现实生活中，95%的人只使用了自己的左脑。科学家们指出，大多数人终其一生只运用了大脑的3%~4%，其余的96%~97%都蕴藏在右脑的潜意识之中，这是一个多么令人吃惊和遗憾的事实！

如果把大脑比作一座冰山，那么左脑就是浮出水面的那一小部分，而右脑则是隐藏在水面下的待开发的庞大的未知部分。

更令人遗憾的是，我国现行的教育体制和教学过程都忽视了右脑的开发。教师所讲授的知识，大多通过练习、复习、测试等方法灌输给学生，而这些方法无一例外只开发了左脑。日常生活中，孩子们也极少有开发右脑的机会。正如一位著名教育学家所说："在开发大脑潜能上，我们是在单脚骑自行车！"

我们通常会有这样的经验，当你在路上走的时候，突然对面走来一个人，看上去很面熟，但是他的名字你却想不起来，为什么会这样呢？因为他的相貌属于图像，是用右脑来记忆的，而名字属于文字类信息，是用左脑来记忆的。右脑的储存能力比左脑强，所以很多人喜欢看电视剧、电影、动画片而不喜欢看书，原因也在这里。

还有，为什么很多同学在学习的时候，总是学过就忘呢？是因为他们用错了脑。他们在学习的时候，把80%的学习任务交给了左脑，右脑没事可干。比如上课时老师说："同学们，今天我们学习'1+1=2'。"这时候他的左脑马上开始启动，一个加一个确实是两个，没错！而他的右脑却在想，这个老师好讨厌，1+1这么简单，赶快下课，下课以后去干什么呢？是玩溜溜球，还是打篮球？周末是去吃肯德基，还是麦当劳？暑假去三亚，还是去北京？他的右脑一直在放电影，人在教室心在外。所以，很多同学在学习的时候，左脑已经很疲劳了，右脑还在浮想联翩，没有和左脑一起发挥积极的作用。

其实，右脑超强的记忆力就是一座金矿，如果被开发出来，将会产生不可思议的能量。本书就是要教你如何使用右脑来进行记忆；如何把左脑负责的抽象难记的信息转化为具体的图像，让右脑来进行记忆；如何让记忆变得像看电影一样轻松，像玩游戏一样过瘾。认真学完本书的内容，你的记忆力将在短时间内提高3~5倍！

第五节　五一黄金复习法

不管你的记忆力有多么好，也不管你用什么方法，人的大脑对于记忆的内容都会有一个遗忘的过程，如果记住的东西都不会遗忘，那么人将会非常痛苦。但对于那些你想要长期牢记的内容，只要按照一定规律去复习，就可以将其转化成永久记忆。有些同学记一个英语单词，怕忘记，过两分钟就复习一遍，再过两分钟又回来复习一遍，这样就浪费了很多时间；而有些同学记了一个单词，从来不去复习，等到要考试了再来复习，这时候已经完全忘记了，又要重新来记，也浪费了很多时间和精力。如果能够掌握大脑记忆和遗忘的规律，按照这个规律来复习，就可以达到事半功倍的效果。那么到底该如何科学地进行复习呢？这就是我们这一节要讨论的内容。

1885年，艾宾浩斯发表了一篇实验报告后，记忆就成了心理学中被研

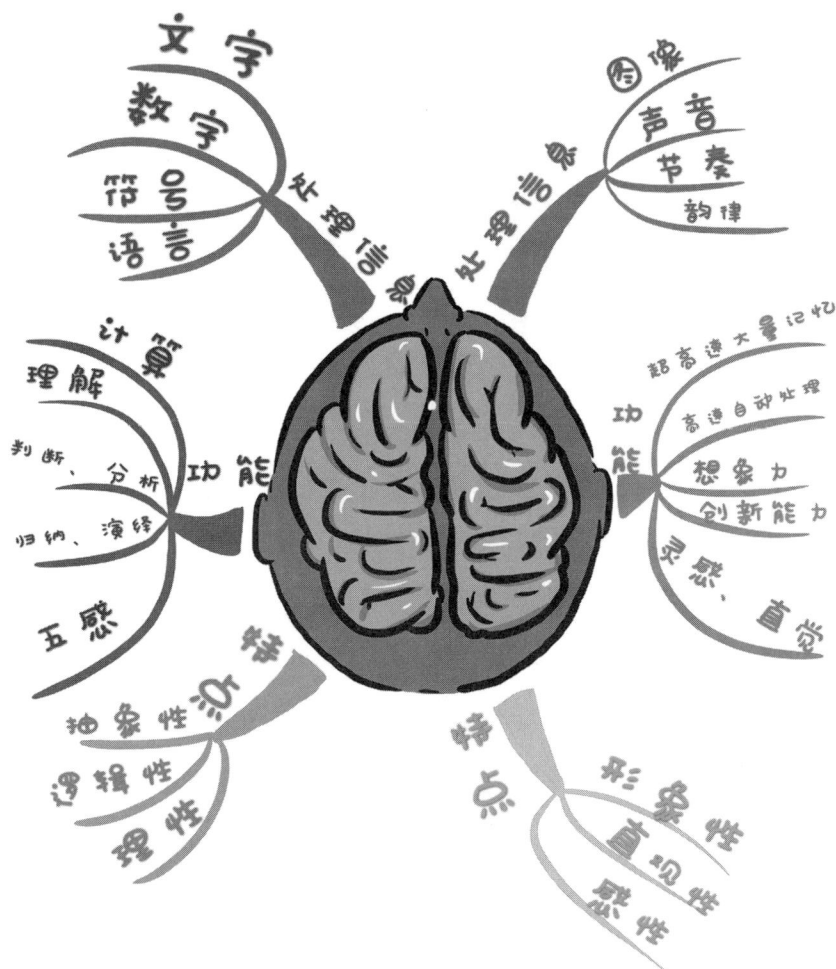

究得最多的领域之一，而艾宾浩斯是发现记忆遗忘规律的第一人。观察这条曲线，你会发现学过的知识在一天后，如果不抓紧时间复习，记得的只剩下原来的25%。随着时间的推移，遗忘的速度减慢，遗忘的数量也减少。有人做过一个实验，让两组学生学习一段课文，甲组在学习后不久进行一次复习，乙组不复习，一天后甲组保持98%，乙组保持56%；一周后甲组保持83%，乙组保持33%。乙组的遗忘平均值比甲组高。

艾宾浩斯对遗忘现象做了系统的研究，他还用无意义的音节作为记忆的材料，把实验数据绘制成一条曲线，称为艾宾浩斯记忆曲线，也称艾宾浩斯遗忘曲线。

记忆的数量（百分数）

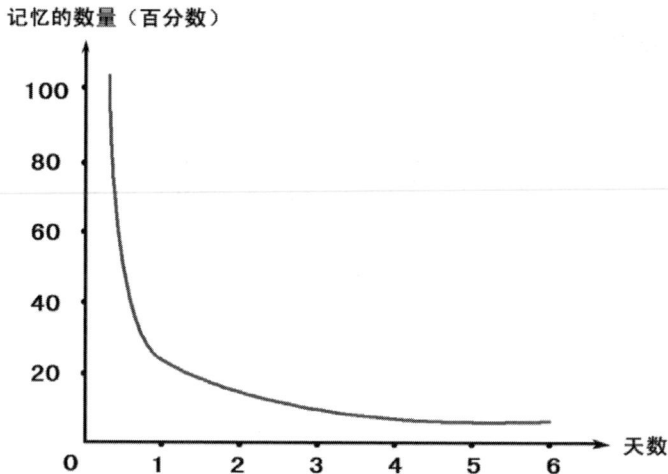

艾宾浩斯遗忘曲线

这条曲线表明了遗忘发展的规律：遗忘的进程不是均衡的，不是固定一天丢失几个，某一天又丢失几个，而是在记忆的最初阶段遗忘的速度很快，后来就逐渐减慢，到了相当长的时间后，几乎就不再遗忘。这就是遗忘的发展规律，即"先快后慢"的原则。

另外，遗忘的进程不仅受时间因素的制约，也受其他因素的制约。学生最先遗忘的是没有重要意义、不感兴趣、不需要的材料，不熟悉的材料比熟悉的材料遗忘得要早。人们对无意义的音节的遗忘速度快于对散文的遗忘，而对散文的遗忘速度又快于韵律诗。

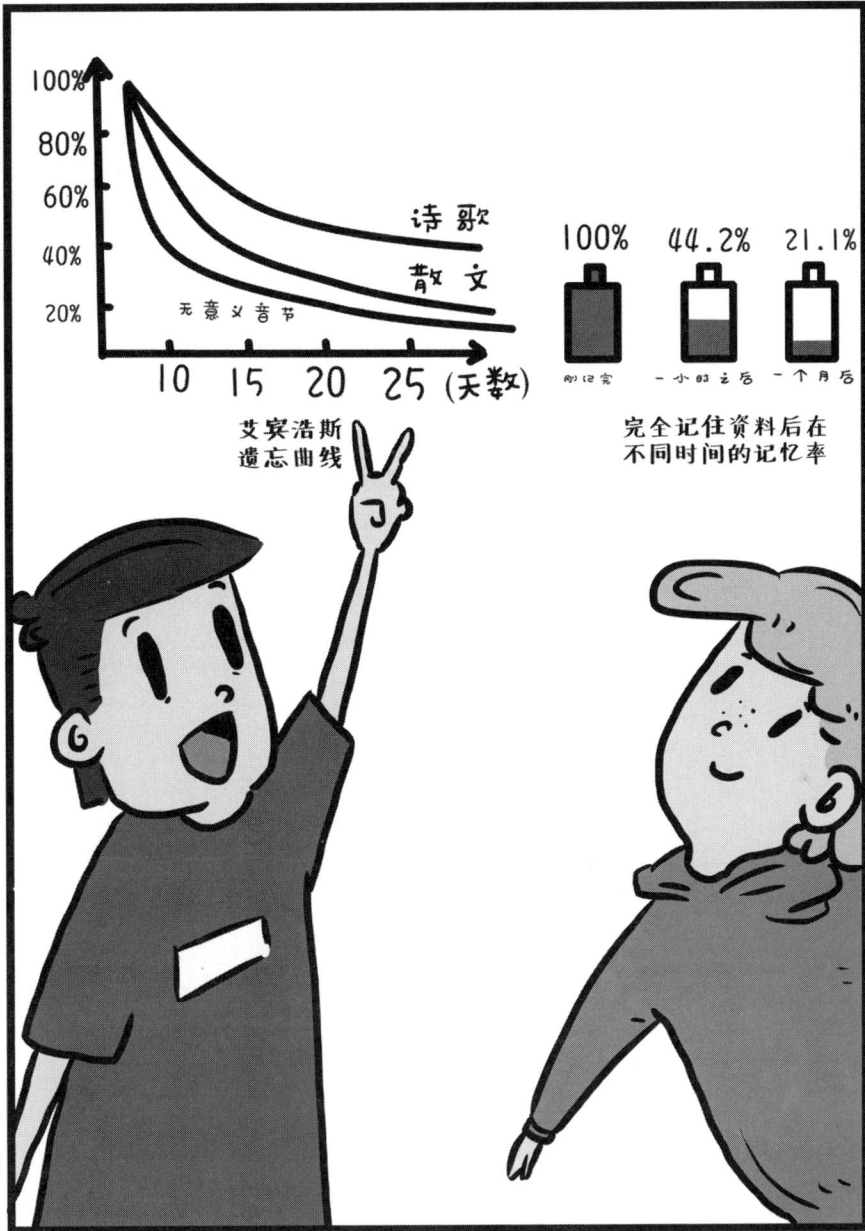

不同材料的遗忘曲线

由该图可以得出以下结论。

①不同性质的材料有不同的遗忘曲线。

②通过理解而记住的材料，比不能理解或没有理解而记住的材料，遗忘的速度更慢，记得更牢。

③任何材料的遗忘速度都不是恒定的，而是先快后慢，最后逐渐稳定下来。

④通过人为对信息进行加工处理，不能理解或没有意义的材料，可以变得能理解或有意义，从而使我们记得更容易，遗忘得更慢。

学习过程中，对一种材料达到一次完全正确地背诵后仍然继续学习，叫作过度学习。过度学习可以使学习的材料保持得非常好。

要想让学过的知识记得更牢、更深刻、更持久，就要真正把及时复习、理解记忆、联想记忆、过度学习运用到学习中。

下表是艾宾浩斯遗忘曲线的遗忘规律。

艾宾浩斯遗忘曲线

时间间隔	记忆量
刚记完	100%
20分钟后	58.2%
1小时后	44.2%
8~9小时后	35.8%
1天后	33.7%
2天后	27.8%
6天后	25.4%

根据艾宾浩斯遗忘曲线，科学家经过不断的研究和实践，最后总结出了"五一黄金复习法"。

五一黄金复习法

复习次数	复习时间点
第一次	1小时后
第二次	1天后
第三次	1周后
第四次	1个月后
第五次	1个季度后

第六节　联想力决定了记忆力

谈到超级记忆法，就不能不谈谈"联想"。联想一词是在17世纪中叶，由英国人霍布斯·洛克为代表的"联想主义"心理学派引入记忆领域的。联想与超级记忆之间有着非常密切的联系，它是记忆的基础，也是记忆法当中常用的一种手段，所有的快速记忆法没有不用"联想"这一法宝的。记忆必须以联想为基础，而联想则是迅速提取已存信息的快捷键。

超级记忆法就是运用联想和想象，通过逻辑或非逻辑的方式，在要记忆的内容和我们所熟悉的事物之间建立一定的联系，也就是所谓的"以熟悉记陌生"。在记忆的过程中，联想能力占有极其重要的地位，因此，联想能力也决定了记忆效果。正如美国心理学家詹姆斯所说："一件在脑子里的事实，与其他多种事物发生联想，就很容易记住。所联想的其他事物，犹如一个个钓钩一般，能把记忆着的事物钩出来。"所以要想学好记忆法，联想训练是必不可少的。美国的哈利·罗莱因说："记忆的基本规律，就是把新的信息同已知的事物进行联想。"

那么到底什么是联想呢？

联想就是由两个或两个以上的刺激物同时或连续地发生作用，从而产生的暂时神经联系，是在头脑中从一个事物联想到另一个事物的心理活动。

例如，看到昔日的照片就会想起许多往事，一幕幕浮现在眼前；由糖果想到甜蜜，进而想到幸福、爱情；由咖啡想到苦涩，想到失意、悲伤……这些都运用到了联想。

宇宙间万事万物纵然千差万别，但任何事物都不是孤立存在的，相互间总有千丝万缕的联系，有直接的，也有间接的。许多事物间存在不同程度的共性，使得我们能由甲想到乙，再由乙想到丙……使输入大脑中的信息以各种方式互通。

联想是新知识和旧知识之间建立起联系的桥梁和纽带。旧知识积累得越多，新知识联系得就越广泛，就越容易产生联想，越容易理解和记忆新知识。

如果你想记住什么，你要做的就是将它与已知或已记住的东西联系起来。

第七节　联想的种类

1. 反向联想

反向联想是对给定的事物，从相反的角度去联想。

如：上——下　黑——白　热——冷　胖——瘦　笑——哭

老——少　前——后　左——右　内——外　高——矮

儿童——老人　笨重——轻巧

激动——冷静　承认——否认

举头望明月，低头思故乡

远看山有色，近听水无声

2. 相似联想

相似联想是因事物的外部特征或性质相似而由一个事物联想到另一个事物的一种联想。

如：喜欢——喜爱 心疼——疼爱 非常——特别

华丽——美丽 宽阔——广阔 敏捷——灵敏

抵抗——反抗 环绕——围绕 清晰——清楚

3. 接近联想

接近联想就是利用事物在时间或空间上的接近关系，由此事物联想到彼事物。

如：下雨——雨伞 乌云——雷雨 孩子——父母

皇帝——皇后 大海——沙滩 衣服——衣架

昨天——今天 桌子——椅子 猫——老鼠

时间和空间是事物存在的形式，所以时间上接近的事物总是跟空间上接近的事物相互关联。在日常生活中人们只要提到甲就会立刻想到乙，提到今天就会想到昨天或明天。

4. 功能、属性联想

功能、属性联想是指从事物的功能、属性角度去联想。

如：电视机——新闻娱乐 电饭煲——煮饭 灭火器——灭火

消防车——灭火 货车——运货 学校——教育

5. 组合联想

组合联想是把两个或两个以上的物体组合在一起构建成一个新的多功能的物体。

例如：由沙发和床联想到沙发床；由笔和录音机联想到录音笔。

6. 因果联想

因果联想就是由事物之间的因果关系而形成的联想。

因果联想是一种辩证关系，因为某个原因得出某个结果，两者之间存在起因与结果的关系。也可以反过来推论，这个结果是因为某个原因造成的。

比如，由下雪想到毛衣；由自信心强想到成绩好；由阴天想到雨伞；由成功想到掌声和鲜花；由"九一八"事变想到东北抗日民众等。

又如一些词语：读书破万卷，下笔如有神；台上一分钟，台下十年功；一分耕耘，一分收获；业精于勤荒于嬉；种瓜得瓜，种豆得豆等。

当我们有意识地培养自己按因果联想来进行思维的时候，这同时也非常有利于我们培养自己的逻辑思维能力。

7. 谐音联想

如：13——医生　　25——二胡　　28——恶霸

7321——轻伤而已　　5201314——我爱你一生一世

3.14159——山巅一寺一壶酒

王尚举——往上举　　万志兵——丸子饼　　方佳——放假

贾岛——假刀　　假道伐虢——嫁到法国

下面是一段关于记忆国家名称的谐音记忆。

每天早晨刷过葡萄牙，就去喝点阿拉斯加粥，

吃两个约蛋，然后去爬爬新加坡，赏赏太平阳；

上午就翻翻日本，查查瑞典，听听墨西歌、内蒙鼓；

中午吃吃俄螺丝，外加菲律冰；下午就吹吹珠穆朗玛风，

带上新西篮，逛逛缅店，买点刚果，称点巴梨；

晚上累得一身阿富汗，还得去上伊拉课；

不过周末可以走访阿拉伯，看望夏威姨，

顺便在那好好吃上一顿华盛顿。

最后提醒：天已耶路撒冷了，注意多穿点喜马拉雅衫，

晚上睡觉最好垫上巴基斯毯！

谐音联想能够让学习变得更加有趣，使记忆更加深刻，因此被广泛应用于学习、生活当中，也是大多数广告商喜欢采用的一种方式。

以上几种联想方式只是联想中最基本的有一定逻辑性的联想方式，并不代表全部。我们在使用这几种联想方式时，并不是简单地使用哪一种而不使用另外一种，它们往往是交织在一起使用的。

8. 奇特联想

除了以上几种联想方式外，还有一种非逻辑的联想方式，也是一种特殊的联想方式，那就是"奇特联想"。它是以夸张、荒谬的形式，对知识与信息进行重组。

这种联想的关键是突出"奇特"二字，联想一定是与日常的所见所闻有所不同的。

例如，一种高压水挖藕技术，就是经过奇特联想而创造出来的。有一伙人在池塘挖藕，突然有个人无意中放了个响屁，连忙向旁边的人说声"请原谅"，表示歉意。那人半开玩笑地说："这种响屁朝池塘底放上三两个，那泥里的藕恐怕都要吓得蹦出来了。"

不料言者无意，听者有心。一个有心者突然萌发出了一个想法：用导管把压缩空气输送到池底再喷放出去会怎样呢？或许很容易就能把藕挖出来。他随即做了实验，但只有气泡冒出却挖不出藕。他又想："也许需要更强大的冲力。"于是他用水管对水施加高压，结果大获成功，不但挖出了藕，而且藕还被高压水冲洗得干干净净。这项挖藕新技术很快得到了普及，不但减少了劳动

强度，而且还提高了挖藕的效率。

"放屁挖藕"，纯属无稽之谈，经过奇特的联想，却产生了一项挖藕技术的新创意。创意思维的确是一件耐人寻味的事。同一件事，因为每个人对事物的看法不同，任何事物都可以与思维联系起来。那个发明挖藕新技术的人，几乎可以"肯定"地说，他早就对人工挖藕的改革有想法。

奇特联想属于非逻辑联想，是一种非常荒谬的联想。它利用一些离奇古怪的想法，把没有任何联系的事物、词语或知识联系到一起，因此，它是实现快速记忆的核心。而且，由此联想的事物会在我们的大脑中留下深刻印象。所以，进行奇特联想练习是我们练习的重点。

第八节　联想怎样训练

联想的训练方法大致有两种：基础性训练和实战性训练。

基础性训练分三步：第一步，先进行一对一的简单词语的训练；第二步，进行一对一的抽象词语的训练；第三步，进行多项、具体词语和抽象词语的混合训练。

前两步都是一对一的联想训练，也可以称为对应联想；第三步可以称为串联联想。

实战性训练则是针对自己目前所学习的实际内容进行真正的联想训练，目的是结合记忆方法来掌握学习内容。在本书后面的章节中我们会专门做这方面的训练，在这里只做基础性训练。

1. 对应联想

把两个互不相关的材料借助联想、想象建立一种对应关系，只要一提到其中一种材料，就很容易地回忆起另一种材料，这种方法就叫对应联想记忆法，也叫配对联想法。

对应联想在语文、英语、历史、地理及数理化中的应用非常广泛。

通过对应联想记忆下列词组：

森林——电话　　　足球——楼房

水杯——钱包　　　牙刷——菜刀

电脑——拐杖　　　碗——电视

这种一对一的记忆可用如下的联想方法来完成。

森林与电话之间进行联想：

①森林里没有信号，电话打不出去。

②有一次我迷失在森林里，通过打电话求救才走了出来。

③森林里到处堆满了电话。

④森林里的树上结满了电话。

①和②属于逻辑联想；③和④则属于非逻辑的奇特联想。但不管采用哪一种联想方式，只要一想到森林就会想到电话。

足球和楼房之间进行联想：

①足球被踢到楼房的顶上。

②足球砸倒了楼房。

③楼房上到处是足球。

④楼房上不停地往下掉足球。

⑤楼房里往外飞足球。

对应联想可以不分先后顺序，无论谁先谁后，只要想到一个就可以把另一个想起来。

水杯和钱包之间进行联想：

①在野外，水杯有时比钱包更有用。

②水杯里的水打湿了钱包。

③把水杯装在钱包里。

④从钱包里掏钱去买水杯。

牙刷和菜刀之间进行联想：

①用牙刷刷菜刀。

②用牙刷磨菜刀。

③用菜刀砍牙刷。

④把菜刀当成牙刷来刷牙。

电脑和拐杖之间的联想：

①我边挂着拐杖边用电脑。

②拐杖上挂着一个笔记本电脑。

③电脑上有一根拐杖。

④我用拐杖打烂了一台电脑。

碗与电视之间进行联想：

①我边端着碗吃饭边看电视。

②我把碗放在电视上。

③电视屏幕上出现了很多碗。

④用碗砸电视，碗烂了，电视机荧光屏也爆炸了。

现在来检验一下看看自己记住了没有。由左边的词能不能想起右边的词？

森林——　　　　　足球——　　　　　水杯——

牙刷——　　　　　电脑——　　　　　碗——

这是记忆法中最基本的训练，这种联想的方法能够解决很多问题。

2. 联想要注意的原则

联想时要注意几个原则：浮现物象、生动、关己、荒诞夸张。

★**浮现物象**　联想时要尽量使联想的内容形象化、具体化。说十遍不如看一遍，实践证明，实物教学远比单纯的讲解更容易让人理解，并有助于回忆。同时物象记忆也符合我们的记忆习惯，比如，当我说"太阳"这个词时，人们脑海里浮现的很可能不是这两个字，而是明晃晃的或红彤彤的太阳的图像；说"老师"时，你脑海里可能出现的是某位老师的形象而不是"老师"这两个字。我们每个人来到这个世界上，也都是先认识周围的环境物象，然后才学说话、学各项技能。所以，记忆中浮现的物象非常重要。

哲学、政治经济学等学科学起来之所以费劲，很大程度上是因为里面有很多抽象的、难以转化为具体形象的词语。

那么，对于诸如"形而上学""剩余价值""抽象劳动"这类的抽象词语如何浮现物象呢？我们将在"串联联想"中进行介绍。把抽象词语转化为能为我们所理解的、能用熟悉的物品来代替的具体形象词，这样记忆抽象、枯燥的内容时就不那么困难了。

另外，经常联想、经常浮现物象还有助于开发右脑，从而使大脑潜能得到挖掘。

★**生动**　在浮现物象的同时，要尽可能赋予物体运动的、立体的、多层次的色彩。如"足球"浮现物象时可想成红色的或五颜六色的足球，并且是跳跃的、滚动的足球，而不是篮球、排球或其他的球，这样的足球形象远比静止的或停留在口头印象上的足球形象要深刻得多。

★**关己**　"事不关己，高高挂起"虽不是我们提倡的道德准则，但大多数人对于与自己无关的事或关系不到自己切身利益的事通常并不注意，也容易淡忘。所以我们在进行联想的时候，要把记忆内容同自己联系起来，与自己挂钩，把自己置身其中，而不是作为局外人、旁观者。如前面的森林与电话联想时就可想成你自己迷失在大森林里，四周寂静无声，没有出路，你时刻担心蹿出什么野兽来，那种恐慌感、紧张感，那种想打求助电话的急切心情，这样森林与电话之间就再也不是风马牛不相及的事，提起森林你就很容易想到电话了。

★荒诞夸张　人们对于平淡无奇的事很容易忘记，相反，对那些荒诞夸张、不合常理的事却能长久记忆，甚至终身不忘。如苏小妹戏谑苏东坡脸长的一句诗："去年一滴相思泪，今年方流到嘴边。"

3. 串联联想

串联联想就是把几个原本毫无关联的事物，通过一定的情节串联起来，形成一个故事或场景等，以帮助我们快捷、牢固地记忆。

如乌云、下雨、孩子、皇帝、大海、衣服、冷饮、桌子、小猫、地震这几个词，可串联联想成：满天乌云密布，眼看要下雨了，一个孩子看见皇帝正在大海中洗衣服。他把冷饮准备好了放在桌子上，被小猫发现了，小猫闹得天翻地覆，仿佛地震了一样。

接下来再用串联联想法记忆以下20个词语：毛毛虫、健美、花菜、桑叶、竹子、梅花、袜子、时装、宇宙、获奖、球场、明星、工人、豆腐、茄子、啤酒、赌场、掌柜、师父、蝴蝶。

想象：毛毛虫为了健美，每天吃花菜和桑叶，将竹子上的梅花摘下来放在袜子上当时装穿。这种时装牌子名叫宇宙，居然获奖了，领奖地点设在球场。球场上有许多明星和工人坐在豆腐上，喝着用茄子制成的啤酒，这时一个赌场的掌柜师父也前来庆贺，此人外号叫"花蝴蝶"。

好！记忆完后，马上闭上眼睛回忆所编的故事，在右脑中浮现所编故事的画面，身临其境地感受这个故事情景，按先后顺序准确地回忆出需要记忆的每个词语，并做到顺背和倒背。

第九节　锁链拍照法

锁链拍照法就是将资料转化成图像，像锁链一样，一个接一个地连接起来，像被大脑拍照一样记录下来的方法。

锁链拍照法的规则是：资料转化成图像；图像两两相连；用动态动词或静态动词连接；回忆时的图像与记忆时的图像一致。

信息转化通常用到替换、谐音、增减字、倒字、望文生义。

比如：替换　　　泰国——人妖　　　　稳定——三脚架

　　　谐音　　　晋级——金鸡　　　　源头——圆头

　　　增减字　　信用——信用卡　　　传呼——传呼机

　　　倒字　　　雪白——白雪　　　　金黄——黄金

　　　望文生义　危机——危险的飞机

下面的词汇我们尝试用锁链拍照法记忆。

牙膏　白板　弓箭　小鸟　马桶　西瓜　猴子　帆船　大象　长颈鹿

乌龟　钢琴　螃蟹　吹风机　树叶　蝴蝶　恐龙　溜冰鞋　沙发　鳄鱼

想象：你抱着一个一米多长的大牙膏，插进了白板，白板里穿出一支弓箭，弓箭射中一串小鸟，小鸟掉进马桶，马桶里有一个大西瓜，西瓜里钻出一只猴子，猴子跑到了帆船上，帆船上有一头大象，大象的鼻子缠住了长颈鹿的脖子，长颈鹿踩到了乌龟，乌龟在弹钢琴，钢琴里钻出一只螃蟹，螃蟹拿着吹风机，吹风机里吹出很多树叶，每一片树叶上都趴着蝴蝶，蝴蝶落到了恐龙的身上，恐龙穿上溜冰鞋在沙发上溜冰，沙发压扁了下面的鳄鱼。

好了，现在开始回忆一下，看看自己记住了没有。

下面我们来做一组练习：

钥匙　鹦鹉　球儿　绿屋　山虎　芭蕉　气球　扇儿

妇女　饲料　河流　石山　妇女　扇儿　气球

想象：有一把大钥匙插进了鹦鹉的后背，鹦鹉一脚踢飞了球儿，球儿砸到了绿屋，绿屋里钻出一只山虎……后面的自己用同样的方法试一下。

接下来我们用数字编码把这些词语转化成数字：

钥匙	鹦鹉	球儿	绿屋	山虎	芭蕉	气球	扇儿
14	15	92	65	35	89	79	32

妇女	饲料	河流	石山	妇女	扇儿	气球
38	46	26	43	38	32	79

这些数字串起来就是圆周率小数点后30位。

用锁链拍照法记忆句子，首先要做的是通读理解，然后从每一句中找出一个提示词，这个提示词最好是关键词，接下来要做的就是把这个提示词转化成图像，再通过锁链拍照的方式把这些提示词记住，最后再根据提示词回忆整个句子。

接下来我们采用锁链拍照法记忆下面的句子。

①女：只要有钱，我嫁给谁都行。

男：银行的保险柜你嫁吗？

②争吵的时候，男人和女人的区别就像是手枪和机关枪的区别。

③我妻子想减肥，所以她每天都去骑马。结果马一个月之中瘦了四十斤。

④病人：医生，你把剪刀留在我肚子里了。

医生：没关系，我还有一把。

⑤法官：你为什么要印假钞？

被告（无辜地说）：因为我不会印真钞。

⑥妻：男人，都是胆小的。

夫：不见得，否则我何以会与你结婚。

⑦上联：哈哈哈哈哈。

下联：嘿嘿嘿嘿嘿。

横批：神经有病。

⑧第一年：他说，她听。

第二年：她说，他听。

第三年：他俩说，邻居们听。

⑨父：你都这样大了，该找一个老婆了。

子：是呀，但茫茫人海，我找谁的老婆呢？

⑩贼甲：快数数今天一共抢了多少钱。

贼乙：不用，明天看看报纸就知道了。

这10句话每句里面蓝色的词都是我们找的提示词，我们先用锁链拍照的方法把它们记住：

保险柜　手枪　马　剪刀　假钞

胆小　神经病　说　老婆　报纸

"胆小"一词比较抽象，可以找一个具体的词"老鼠"来代替；"说"可以用"嘴巴"来代替。

联想：打开保险柜，里面有一把手枪，拿着手枪去打马，发现马身上插满了剪刀，拔出一把剪刀剪假钞，假钞上面印着一只老鼠，老鼠咬到了一个神经病，神经病的嘴巴里被他老婆塞满了报纸。

词语记住之后，再由每一个词语来回忆整个句子，刚开始句子能回忆出来，大概意思记得差不多，但会有个别字和原文不一样，然后再对照原文进行修正。

第十节 故事摄影法

故事摄影法是把我们要记忆的对象编成一个故事，并把故事发生的整个流程像摄影一样记录在脑海的方法。

我们的大脑擅长想象整个故事的流程，就像看电影一样。只要看过电影的剧情，就能回忆电影的细节。的确，电影的情节比书本的知识容易记忆，除了因为电影有声光画面外（听觉记忆和视觉记忆），丰富的故事情节更是快速记忆的关键。

武林　恶霸　巴士　衣钩　鸡翼　绿舟　山丘　旧伞

西服　棒球　尾巴　香烟　旧旗　湿狗　蛇

如何用故事摄影法把这些词语记住呢？

我们一起来发挥我们的想象力，想象一下，武林中有一个恶霸，有一天他开着巴士，同时手里还拿着衣钩去钩鸡翼，不小心撞上了绿舟，绿舟撞到了山丘，山丘上飞出一把旧伞，伞下面挂着一件西服，他穿上西服去打棒球，棒球打到了松鼠的尾巴，尾巴里掉出来一支点着了的香烟，香烟烧掉了旧旗，湿狗带着一群蛇来救火。

好了，现在来回忆一遍，看看自己记住了没有。

接下来我们用数字编码把这些词语转化成数字。

武林	恶霸	巴士	衣钩	鸡翼	绿舟	山丘	旧伞
50	28	84	19	71	69	39	93

西服	棒球	尾巴	香烟	旧旗	湿狗	蛇
75	10	58	20	97	49	44

这些是圆周率小数点后的第31～60位！

也许有的朋友会觉得故事摄影法和锁链拍照法差不多，它们之间到底有什么共同点和不同点呢？下面我们来分析一下它们之间的异同点。

锁链拍照法和故事摄影法都是把许多没有联系、没有规律的杂乱的信息串联在一起，强制它们之间发生一定的联系，以便回忆时能够找到线索，从而牵一发而动全身。

二者的不同之处在于：

（1）锁链拍照法一定要把要记的信息转化成图像，从而两两连接，而故事摄影法不一定要转化成图像，动词、形容词等都可以用来编故事。

（2）锁链拍照法注重的是前后两个图像之间的连接，如A→B、B→C、C→D、D→E。

A只跟B有关系，跟其他的信息没有关系，同样B只跟A、C有关系，跟其他的信息没有关系。而故事摄影法就不同，为了使故事更加符合逻辑，第一个信息和其他任何信息之间都可以产生联系。

（3）锁链拍照法中，我们的大脑像照相机，注重的是结果；故事摄影法中，我们的大脑像摄影机，注重的是整个过程。简单地说，前者就像照片，后者就像视频。

使用故事摄影法时一定要遵循以下几个规则。

★ **夸张**　一些较小的物体给我们留下的印象往往不是很深刻，这时候就需要对其进行夸张放大。例如，有一次你到超市去买东西，付款时收银员找了你两毛零钱，你不经意间塞进了某个裤子口袋里，回去后你再也没有想过这件事。过几天你又去超市买东西，这一次收银员问你有没有两毛零钱，你突然想起前几天买东西的时候找了你两毛钱，却不知道放哪儿了，开始到处摸口袋也没找到，然后一拍脑门突然想到，前两天洗裤子给洗了。为什么会这样呢？因为两毛钱对你来说太少了，你根本不在乎，所以不会引起你的注意。假如有朋友拿了100万现金来到你家里，对你说："我这100万现金在你家里放几天，过几天我再过来拿。"请问这时候你会不会随便往哪儿一扔，不去管它，过几天朋友来找你要的时候，你到处找不到呢？当然不会，因为钱太多了，你会重视它，不会随意忘记。记忆也一样，所以，小的物体就要把它夸张放大，可以把体积放大，也可以把数量增多。

除了对物体本身进行夸张外，在联想的过程中也可以对动作进行夸张，这样才能刺激我们的大脑，使印象更加深刻。

★**生动形象**　在联想过程中要把每个图像尽量地想清楚，什么形状，什么颜色，体积多大，如何发生动作，动作发生后会产生什么样的结果，你心里会有什么样的感受等，全部都加进去。

★**荒诞有趣**　对于那些常见的、符合逻辑的事情，人们已经司空见惯，不会留下深刻的印象，往往转身就忘，而那些不合逻辑的、荒诞的、滑稽搞笑的，以及恐怖的事情或剧情，往往能给人留下深刻的印象。

★**关己**　编故事的时候把自己当成主人公，所有事情的发生都跟自己有关，或者是自己就在现场亲眼目睹，这样才会给自己留下深刻的印象。

接下来我将带领大家来做一些这方面的训练。

鲁迅的主要作品有：

《呐喊》　《孔乙己》　《阿Q正传》　《故乡》

《药》　《狂人日记》　《社戏》　《祝福》

故事：鲁迅在呐喊，喊出了孔乙己，孔乙己让阿Q回故乡吃药，吃完药变成了狂人天天写日记，写出来的日记被拍成了社戏，主题曲是张学友的《祝福》。

陶渊明的主要作品有：

《桃花源记》　《归去来辞》　《移居》

《读山海经》　《归园田居》　《饮酒》

故事：陶渊明到桃花源捉乌龟，发现乌龟没有了，只好叹息：龟去来迟（"归去来辞"谐音）啊！于是就移居到园田，在那里边读《山海经》边饮酒。

第十一节　定位点焊法

定位点焊法就是在大脑中建立一套固定有序的定位系统，在记忆新知识的时候，通过联想和想象，把知识按顺序固定在与其相对应的有序的定位元素上，从而实现快速识记和快速回忆的方法。

常用定位系统有身体定位、地点定位、数字定位、人物定位、字母定位、熟语定位、万事万物定位。

下面是需要我们记忆的词汇。

蜈蚣　和尚　锄头　白蚁　螺丝　手枪　恶霸

牛儿　溜冰鞋　舅舅　八路　恶霸　凳子　石板

二胡　绅士　鳄鱼　仪器　手枪　气球

1. 身体定位

首先在我们自己的身上找一些身体部位作为定位系统：

①头　　　②眼睛　　　③鼻子　　　④嘴巴

⑤脖子　　⑥肩膀　　　⑦前胸　　　⑧肚子

⑨大腿　　⑩膝盖　　　⑪小腿　　　⑫脚

这些身体部位就是我们的定位系统，也可以说是我们的记忆工具，这些工具可以全部一起用，也可以用其中的一部分，根据我们记忆内容的多少来决定。在这里我们可以用前面10个部位来帮助我们记10个词语。

①头——蜈蚣：想象有一只蜈蚣咬到了你的头。

②眼睛——和尚：一睁开眼睛就看见了和尚。

③鼻子——锄头：用锄头来挖鼻屎。

④嘴巴——白蚁：嘴巴里全是白蚁。

⑤脖子——螺丝：脖子上拧满了螺丝。

⑥肩膀——手枪：肩膀上扛着一把手枪。

⑦前胸——恶霸：恶霸一拳打到了你的前胸。

⑧肚子——牛儿：牛儿用角顶到了肚子。

⑨大腿——溜冰鞋：大腿上绑着一双溜冰鞋。

⑩膝盖——舅舅：膝盖顶到了舅舅。

现在请你闭上眼睛回忆，看看记住了没有，如果全对，那就恭喜你，太棒了！它们对应的数字分别是：

蜈蚣　　和尚　　锄头　　白蚁　　螺丝

59　　　23　　　07　　　81　　　64

手枪　　恶霸　　牛儿　　溜冰鞋　　舅舅

06　　　28　　　62　　　08　　　　99

用身体部位记忆下列词语：

老鼠　飞机　卫生纸　蛋糕　西瓜　剪刀

铅笔　牛粪　跳蚤　炸弹　火炉　香蕉

联想：头上有一窝老鼠，眼睛看到了一架飞机，鼻子里拉出了一卷卫生纸，嘴巴里塞满了蛋糕，脖子上挂着一个大西瓜，肩膀上插着一把剪刀，前胸插着一支铅笔，肚子里有很多牛粪，大腿上有很多跳蚤，炸弹炸烂了膝盖，小腿放在火炉上烤，脚踩到香蕉皮滑倒了。

相信经过这样联想以后，只要看一遍就能做到倒背如流。

用身体部位定位记忆中国古代十大古典名著。

《水浒传》　　　　《三国演义》　　　　《西游记》

《封神演义》　　　　《儒林外史》　　　　《红楼梦》

《镜花缘》　　　　《儿女英雄传》　　　　《老残游记》

《孽海花》

联想：

①头——《水浒传》：头上顶着一个水壶（由水壶谐音想到水浒）。

②眼睛——《三国演义》：用眼睛看《三国演义》。

③鼻子——《西游记》：鼻子很大，像猪八戒的鼻子。

④嘴巴——《封神演义》：用嘴巴来封神。

⑤脖子——《儒林外史》：吃饭吃得太多，食物在喉咙里蠕动，然后跑到林子外面去拉屎。

后面的自己试着去联想。

2. 地点定位

接下来我们来体验一下地点定位系统的用法。先来找10个地点，这些地点必须是你经常去、比较熟悉的。在这里我没法面对面教你，只能通过图片让你了解找地点的方法。

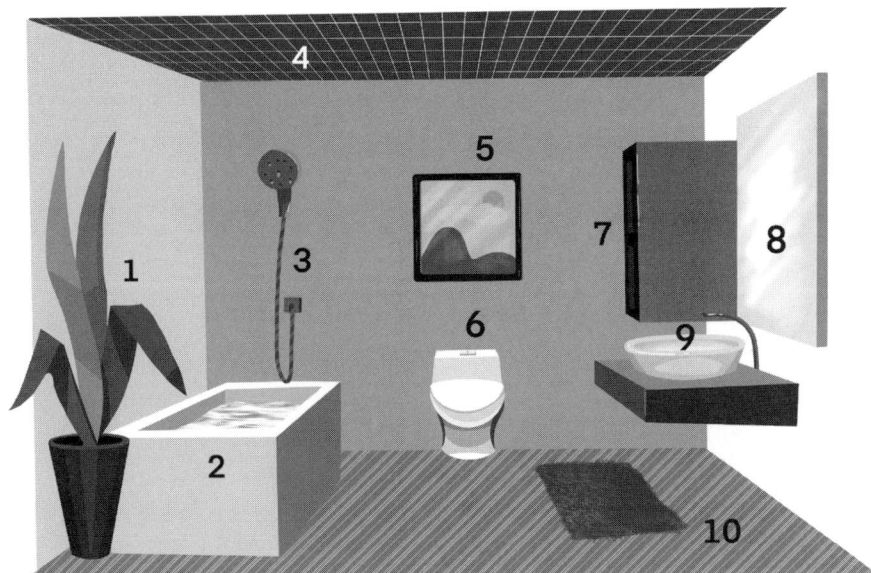

在这个房间里我们找10个地点：

①树　　②浴缸　③花洒　④天花板　⑤装饰板

⑥马桶　⑦柜子　⑧镜子　⑨洗手盆　⑩地板

接下来我们进行对应联想：

①树——八路：树下站着一个八路在放哨。

②浴缸——恶霸：浴缸里有个恶霸在洗澡。

③花洒——凳子：用花洒里喷出来的水洗凳子。

④天花板——石板：天花板上掉下来一块石板。

⑤装饰板——二胡：装饰板上挂着一个二胡。

⑥马桶——绅士：马桶上坐着一个绅士。

⑦柜子——鳄鱼：柜子里钻出一只鳄鱼。

⑧镜子——仪器：镜子前面有一个仪器。

⑨洗手盆——手枪：在洗手盆里洗手枪。

⑩地板——气球：地板上到处都是气球。

你都记住了吗？它们所对应的数字是：

八路	恶霸	凳子	石板	二胡
86	28	03	48	25

绅士	鳄鱼	仪器	手枪	气球
34	21	17	06	79

到现在为止，你已经记住了圆周率小数点后100位数字了。我们的目的不是记忆这些数字，而是用这些数字作为训练的材料，让你掌握这三大记忆方法。记什么内容不重要，怎么记才是最重要的。

用地点定位法记忆下面20个词语。

书包　青蛙　项链　花生油　垃圾桶

钞票　篮球　蜜蜂　熊猫　南瓜

麦克风　啤酒　电饭锅　菜刀　汽车

石头　警察　河流　耳机　饮水机

我们再次用前面的那10个地点：

①树　　②浴缸　③花洒　④天花板　⑤装饰板

⑥马桶　⑦柜子　⑧镜子　⑨洗手盆　⑩地板

每个地点放两个词语：

①树——书包、青蛙

树上挂着一个书包，书包里装满了青蛙。

②浴缸——项链、花生油

浴缸上面挂着一条项链，项链在往浴缸里滴花生油。

③花洒——垃圾桶、钞票

花洒里喷出来的水流到垃圾桶里变成了钞票。

④天花板——篮球、蜜蜂

篮球砸到了天花板，飞出一群蜜蜂。

⑤装饰板——熊猫、南瓜

装饰板上画着一个熊猫在吃南瓜。

⑥马桶——麦克风、啤酒

马桶上有个人一边拿着麦克风讲话一边喝啤酒。

⑦柜子——电饭锅、菜刀

柜子里面有一个电饭锅，电饭锅里有很多菜刀。

⑧镜子——汽车、石头

一辆汽车撞到了镜子上，从上面掉下一块石头砸到了汽车。

⑨洗手盆——警察、河流

洗手盆旁边有一个警察在洗手，他不小心掉进了河流里。

⑩地板——耳机、饮水机

地板上有一个耳机，你把它捡起来插在饮水机上。

是不是很容易就把这20个词语记住了呢？

3. 数字定位

所谓数字定位，就是把数字编码（数字编码系统见书后附录）和我们要记忆的信息进行对应联想，让它们之间建立一定的联系，等回忆的时候只要一想到数字编码就立刻想到我们要记忆的信息。

比如，我们要记忆下面10个词语：

①空调　②手表　③电脑　④洗衣机　⑤鞋子

⑥苹果　⑦手机　⑧书本　⑨铅笔　　⑩沙发

我们可以这样来进行对应联想：

①小树——空调：树上长满了空调，热的时候就去树下吹空调。

②鸭子——手表：鸭子脖子上戴着很多手表。

③耳朵——电脑：耳朵上挂着一台电脑。

④红旗——洗衣机：红旗插在洗衣机上。

⑤钩子——鞋子：钩子上挂着一双鞋子。

⑥勺子——苹果：用勺子来吃苹果。

⑦拐杖——手机：拐杖上挂着一部手机。

⑧葫芦——书本：葫芦里装满了书本。

⑨猫——铅笔：猫拿着铅笔在写字。

⑩棒球——沙发：棒球打烂了沙发。

回忆一下，看看你记住了没有。

同样，人物、字母、文字以及万事万物都可以用来定位，后面我们会讲到，这里就不一一举例了。

用数字编码记忆36计。

①小树——瞒天过海　　　　②铃儿——围魏救赵

③凳子——借刀杀人　　　　④轿车——以逸待劳

⑤手套——趁火打劫　　　　⑥手枪——声东击西

⑦锄头——无中生有　　　　⑧溜冰鞋——暗度陈仓

⑨猫——隔岸观火　　　　　⑩棒球——笑里藏刀

⑪筷子——李代桃僵　　　　⑫椅儿——顺手牵羊

⑬医生——打草惊蛇　　　　⑭钥匙——借尸还魂

⑮鹦鹉——调虎离山　　　　⑯石榴——欲擒故纵

⑰仪器——抛砖引玉　　　　⑱腰包——擒贼擒王

⑲衣钩——釜底抽薪　　　　⑳香烟——浑水摸鱼

㉑鳄鱼——金蝉脱壳　　　　㉒双胞胎——关门捉贼

㉓和尚——远交近攻　　　　㉔闹钟——假道伐虢

㉕二胡——偷梁换柱　　　　㉖河流——指桑骂槐

㉗耳机——假痴不癫　　　　㉘恶霸——上屋抽梯

㉙阿胶——树上开花　　　　㉚三轮车——反客为主

㉛鲨鱼——美人计　　　　　㉜扇儿——空城计

㉝星星——反间计　　　　　㉞三丝——苦肉计

㉟山虎——连环计　　　　　㊱山鹿——走为上计

联想举例：

①小树——瞒天过海

有一天你想要越过汪洋大海，但是敌人的飞机在空中盘旋，随时都有可能扔下炸弹，于是你想了一个办法，砍了很多树，藏在树下从海上漂过去。

②铃儿——围魏救赵

铃儿一响起，士兵们就把魏国给围得水泄不通，因为他们要救赵国。

③凳子——借刀杀人

你借了一把刀去杀人，结果够不着，只好站在凳子上。

④轿车——以逸待劳

有一次你们全班同学一起去郊游，大家都是步行，都很疲劳；你却坐着轿车比同学们先到达目的地，安逸地坐在那里等待着他们。

⑤手套——趁火打劫

有一家商店失火了，大家都在救火，你却戴着手套去打劫。

⑥手枪——声东击西

你拿着手枪往东边打了一枪，然后回头打到了西边的人。

⑦锄头——无中生有

地里本来没有草，你用锄头一锄，就锄出来很多草。

⑧溜冰鞋——暗度陈仓

穿着溜冰鞋在天色暗下来的时候偷渡到了陈仓。

⑨猫——隔岸观火

对岸在着火，猫在隔岸观火。

⑩棒球——笑里藏刀

你和别人打棒球，对方对着你笑的时候你千万要小心，有可能他打过来的球里会藏着一把刀。

⑪筷子——李代桃僵

用筷子夹着一个李子放进冰箱里，把冰箱里的桃子夹出来。

⑫椅儿——顺手牵羊

去家具店里买家具，趁别人不注意的时候顺手把别人的椅子给拿走了。

第13~36计自己试着用同样的方式进行联想。

记忆法在各学科的具体运用

第一节　生字词记忆

1.形近字记忆

戊（wù）戍（shù）戊（wù）戎（róng）

记忆：横戌（xū）点戍（shù）戊（wù）中空，十字交叉读作戎（róng）。

已（yǐ）巳（sì）己（jǐ）

记忆：已（yǐ）半巳（sì）满己（jǐ）不出。

幻—幻想

幼—幼稚

记忆：幻想不用力，幼稚却有力。

诱—诱惑

绣—绣花

记忆：诱惑用巧言，绣花有丝边。

喧—喧闹

渲—渲染

记忆：喧闹自于口，渲染三点水。

擎—引擎

警—民警

记忆：引擎用手拉，民警有忠言。

挠—挠痒

绕—缠绕

记忆：有手能挠痒，有丝可缠绕。

2. 多音字记忆

单（shàn）姓单

　　（dān）简单

　　（chán）单于

联想：单（shàn）大侠，不简单（dān），抗击单（chán）于保江山。

薄（báo）厚薄

　　（bò）薄荷

　　（bó）刻薄

联想：薄（báo）地种薄（bò）荷，实在太刻薄（bó）。

累（lèi）劳累

　　（lěi）积累

　　（léi）累赘

联想：常年劳累（lèi），疲劳积累（lěi），一旦生病，便成累（léi）赘。

奔（bēn）奔腾

（bèn）奔头

联想：骏马奔（bēn）腾河奔（bēn）流，牧民日子有奔（bèn）头。

也可以找一个和它读音相同的字联系在一起，如：

弹（dàn）子弹

（tán）弹跳

联想：子弹打鸡蛋（dàn），弹跳入水潭（tán）。

壳（qiào）地壳

（ké）贝壳

联想：撬（qiào）开地壳找贝壳，千万别打瞌（kē）。

塞sài（塞外）

sè（塞责）

联想：色狼在塞责，跑到塞外去赛车。

还可以把几组多音字放在一起组成一段有意义的文字，如：

民乐（yuè）队，乐（lè）滔滔，

穿藏（zàng）袍，藏（cáng）猫猫，

迎朝（zhāo）阳，朝（cháo）前跑，

日落（luò）落（là）不下莲花落（lào）。

三中（zhōng）全会，正中（zhòng）民意，

万民称（chēng）赞，称（chèn）心如意。

发展畜（xù）牧，六畜（chù）兴旺，

调（diào）集饲料，精心调（tiáo）养。

肩膀（bǎng）膀（pāng）肿膀（páng）胱烧，

咳（hāi）声咳（ké）嗽声声高。

3. 词语记忆

前面三大记忆法的讲解中已经讲了很多种词语记忆的方法，这里就不再重复。

小学语文课本上有很多要背诵和积累的成语，在这里讲一下如何背诵这些成语。

记忆下面的成语：

掩耳盗铃　狐假虎威　吞云吐雾　亡羊补牢　翻山越岭

眼疾手快　千军万马　刻舟求剑　高山流水　崇洋媚外

首先还是每个成语找一个有图像的关键字：

掩耳盗**铃**　**狐**假虎威　吞云吐**雾**　亡**羊**补牢　翻**山**越岭

眼疾手快　千军万**马**　刻舟求**剑**　高山流**水**　崇**洋**媚外

再把这些图像串在一起：**铃**儿一响起就吓跑了一只**狐**狸，狐狸的嘴巴在**吐雾**，雾里钻出一只**羊**，羊跑到了**山**上，山上有很多双**眼**睛，眼睛看到了一匹**马**，马身上插着一把宝**剑**，剑在往下滴**水**，水流进了海**洋**。

然后根据这10个图像试着回忆这10个成语。

当然也可以用数字编码或地点定位来记忆，根据自己的情况选择不同的记忆方法。经常运用这种方法把一组一组的成语串在一起记，日积月累，你的词汇量就会越来越大，写文章的时候就会得心应手。

第二节　句子记忆

记忆下面10个句子：

01. 小树苗越长越高。

02. 不小心掉在地上。

03. 到处开满鲜花。

04. 窗外阳光灿烂。

05. 树上结满苹果。

06. 大海呀我的故乡。

07. 草原上骏马奔驰。

08. 把水蒸发掉。

09. 它的样子很像碉堡。

10. 鬼子进村了。

这里我们用数字编码进行联想记忆：

01. 小树——小树苗越长越高

直接由小树就可以想到小树苗越长越高。

02. 铃儿——不小心掉在地上

联想：铃儿不小心掉在了地上。

（把数字编码和整句话的意思进行联系）

03. 凳子——到处开满鲜花

联想：凳子上到处开满鲜花。

04. 轿车——窗外阳光灿烂

联想：轿车的窗外阳光很灿烂。

05. 手套——树上结满苹果

联想：戴上手套去树上摘苹果。

06. 手枪——大海呀我的故乡

联想：拿着手枪在海边保卫我的故乡。

07. 锄头——草原上骏马奔驰

联想：用锄头在草原上锄地，看见很多骏马在奔驰。

08. 溜冰鞋——把水蒸发掉

联想：溜冰鞋湿了，把里面的水蒸发掉。

09. 猫——它的样子很像碉堡

联想：猫的样子很像碉堡。

10. 棒球——鬼子进村了

联想：鬼子进村了，用棒球打他们或鬼子进村打棒球。

接下来闭上眼睛试试，看能不能把这10个句子回忆出来。如果能全部回忆出来，那么恭喜你，太棒了！接着再试试能不能从最后一句背到第一句。

第三节　文学常识记忆

艾青的代表作有：《春天》《南美洲的旅行》《海岬上》《宝石的红星》《光的赞歌》《大西洋》《在浪尖上》《黑鳗》《欢呼集》《归来的歌》《彩色的诗》。

记忆：艾青在《春天》完成了到《南美洲的旅行》，在《海岬上》看见《宝石的红星》，他唱起了《光的赞歌》，经过《大西洋》，《在浪尖上》提住一条《黑鳗》，他高兴了，拿出《欢呼集》，唱起《归来的歌》，写出《彩色的诗》。

郭小川的作品有：《团泊洼的秋天》《秋歌》《平原老人》《投入火热的斗争》《甘蔗林——青纱帐》《鹏程万里》《昆仑行》《雪与山谷》《月下集》《将军三部曲》《两都颂》。

记忆：郭小川在《团泊洼的秋天》唱着《秋歌》，与《平原老人》一道《投入火热的斗争》，他们穿过了《甘蔗林——青纱帐》，《鹏程万里》，经过《昆仑行》到了《雪与山谷》的《月下集》，歌唱《将军三部曲》和《两都颂》。

在小学语文教材中，老舍的作品有：《林海》《草原》《趵突泉》《我们家的猫》《养花》《劳动最有滋味》。

记忆：古老的房子（老舍）坐落在《林海》旁边的《草原》上，草原上有一口《趵突泉》，泉水旁边，《我们家的猫》在《养花》，通过养花，它懂得了《劳动最有滋味》。

尝试挑战记忆老舍的更多作品：《青年突击队》《西望长安》《春华秋实》《方珍珠》《女店员》《我这一辈子》《全家福》《红大院》《青蛙骑手》《宝船》《神拳》《正红旗下》《一块猪肝》《二马》《老字号》《茶馆》《小坡的生日》《四世同堂》《骆驼祥子》《离婚》《火车》《赶集》《猫城记》。

记忆：老舍参加了《青年突击队》，但他总是《西望长安》，在《春华秋实》的季节捞取了一块《方珍珠》，送给了一位《女店员》，女店员说《我这一辈子》就照了一张《全家福》，希望你能帮我挂在《红大院》里。挂完后他与《青蛙骑手》在《宝船》上对打《神拳》，结果打赢了，他站在《正红旗下》，吃了《一块猪肝》，然后骑着《二马》冲进了一家百年《老字号》的《茶馆》，去参加《小坡的生日》，在那里遇见了《四世同堂》的《骆驼祥子》。骆驼祥子说他最近《离婚》了，每天都坐《火车》去猫城《赶集》，于是就让老舍帮他写一篇《猫城记》。

中国四大古典名著：《三国演义》《水浒》《西游记》《红楼梦》。

记忆：四大古典名著主要写的是在山（三）上浇水种西红柿。

四大谴责小说：《官场现形记》《二十年目睹之怪现状》《老残游记》《孽海花》。

记忆：四大谴责小说谴责的是"官场""二十年""老"作"孽"。

初唐四杰：王勃、杨炯、卢照邻、骆宾王。

记忆：初唐四杰捉住了亡羊（王杨），落（骆）在了炉（卢）子里。

唐宋八大家：韩愈、柳宗元、苏轼、苏辙、苏洵、工安石、曾巩、欧阳修。

记忆：寒柳（下）三叔修石拱。

第四节　古诗词记忆

记忆古诗词主要有以下几个步骤：快速浏览，扫除生词障碍；通读两遍，培养语感；看译文，懂意思；记忆。

在背诵之前要先扫除生字、生词障碍，然后通读两遍建立语感，再了解原文的意思。其记忆的方法通常有两种：

1. 情景故事法

让自己置身于诗词所描写的情境中，仿佛身临其境，所发生的事情都和你有关，然后每一句找一个提示词并把它们串在一起。

如记忆下面这首词。

西江月·夜行黄沙道中

【宋】辛弃疾

明月别枝惊鹊，清风半夜鸣蝉。稻花香里说丰年，听取蛙声一片。七八个星天外，两三点雨山前。旧时茅店社林边，路转溪桥忽见。

　　译文：月儿出来惊动了树枝上的鹊儿，轻轻吹拂的夜风中不时送来阵阵蝉鸣。稻花飘香沁人心脾，驻足聆听那一片蛙声，好似在为人们的丰收而欢唱着……你看，天边偶尔还看得见七八颗星星，转眼山前便洒落了两三点雨。大雨将至，赶紧避雨，可一向熟悉的茅店竟找不到了，跑到溪头转弯处，嘿，茅店不就在眼前吗？

　　想象这首诗词里所描述的景象都是你亲眼所见的，你就是作者，然后从每句里找一个或两个提示词。

　　明月别枝惊鹊，清风半夜鸣蝉。稻花香里说丰年，听取蛙声一片。七八个星天外，两三点雨山前。旧时茅店社林边，路转溪桥忽见。

　　明月　鹊　清风　蝉　稻花　蛙　星　山　茅店　桥

　　用前面讲过的方法很容易把这些词记住，然后由这些词回忆整首诗词。

2. 简笔画法

　　每一句诗词找一个词（最好是有具体图像的词），把这个词的图像用简笔画画出来，先看图背诵，然后不看图做到脑中有图。

西江月·夜行黄沙道中

【宋】辛弃疾

　　明月别枝惊鹊，清风半夜鸣蝉。稻花香里说丰年，听取蛙声一片。七八个星天外，两三点雨山前。旧时茅店社林边，路转溪桥忽见。

　　①明月别枝惊鹊，②清风半夜鸣蝉。③稻花香里说丰年，

　　④听取蛙声一片。⑤七八个星天外，⑥两三点雨山前。

　　⑦旧时茅店社林边，⑧路转溪桥忽见。

次北固山下

【唐】王湾

客路青山外，行舟绿水前。潮平两岸阔，风正一帆悬。

海日生残夜，江春入旧年。乡书何处达，归雁洛阳边。

①客路青山外，②行舟绿水前。③潮平两岸阔，④风正一帆悬。

⑤海日生残夜，⑥江春入旧年。⑦乡书何处达，⑧归雁洛阳边。

第五节　现代文背诵

现代文的背诵方法有很多种，为了让大家能够更好地掌握，这里给大家进行详细的介绍。

1. 故事法

从要背诵的文章中找出一些关键词或提示词，用故事摄影法把这些关键词或提示词记住，再通过这些词语来回忆整个句子。

燕　子

郑振铎

一身乌黑光亮的羽毛，一对俊俏轻快的翅膀，加上剪刀似的尾巴，凑成了活泼机灵的小燕子。

才下过几阵蒙蒙的细雨。微风吹拂着千万条才展开带黄色的嫩叶的柳丝。青的草，绿的叶，各色鲜艳的花，都像赶集似的聚拢过来，形成了光彩夺目的春天。小燕子从南方赶来，为春光增添了许多生机。

羽毛　翅膀　尾巴　小燕子　细雨　微风

柳丝　草　叶　花　赶集　春天　南方　春光

先把原文读上几遍，读顺句子，理解原文意思，用故事摄影法把这些词语按顺序记住，再由每个词语回忆原文。比如：第一个词语是羽毛，什么样的羽毛呢？一身乌黑光亮的羽毛。羽毛的后面是翅膀，什么样的翅膀？一对俊俏轻快的翅膀。翅膀的后面是尾巴，什么样的尾巴？剪刀似的尾巴……回忆完之后可能发现跟原文的意思差不多，但有个别字或词不一样，再对照原文修正即可。

2. 地点定位法

用地点定位法记文章就是把地点分别和每句的意思或句子里的关键词进行

联结，然后按照地点的顺序回忆原文。

海上日出

巴 金

为了看日出，我常常早起。那时天还没有大亮，周围很静，只听见船里机器的声音。天空还是一片浅蓝，很浅很浅的。转眼间，天水相接的地方出现了一道红霞。红霞的范围慢慢扩大，越来越亮。我知道太阳就要从天边升起来了，便目不转睛地望着那里。

用地点定位法背课文，首先要把课文分成句子，再把这些句子分别跟定位系统进行联结。

这段文字我们可以把它拆成10个短句，用10个地点来记忆。

按顺序记住这10个地点的位置，要做到能够顺背、倒背。然后再把这些地点写在每一句的前面。

①门　为了看日出，我常常早起。

②电子日历　那时天还没有大亮，

③鞋架　周围很静，

④小沙发　只听见船里机器的声音。

⑤大沙发　天空还是一片浅蓝，很浅很浅的。

⑥垃圾筐　转眼间，天水相接的地方出现了一道红霞。

⑦茶几　红霞的范围慢慢扩大，

⑧纸箱　越来越亮。

⑨窗户　我知道太阳就要从天边升起来了，

⑩风扇　便目不转睛地望着那里。

把每一句话的意思和对应的地点进行联结。

①门——为了看日出，我常常早起

为了看日出，我常常起得很早站在门口。

②电子日历——那时天还没有大亮

那时电子日历还没有大亮。

③鞋架——周围很静

鞋架的周围很静。

④小沙发——只听见船里机器的声音

坐在小沙发上只听见船里机器的声音（或者只听见小沙发上机器的声音）。

⑤大沙发——天空还是一片浅蓝，很浅很浅的

大沙发是一片浅蓝，很浅很浅的。

⑥垃圾筐——转眼间，天水相接的地方出现了一道红霞

转眼间，垃圾筐上出现了一道红霞（想象垃圾筐的一边是天，另一边是水）。

⑦茶几——红霞的范围慢慢扩大

茶几上有一道红霞的范围在慢慢扩大。

⑧纸箱——越来越亮

纸箱越来越亮。

⑨窗户——我知道太阳就要从天边升起来了

我知道太阳就要从窗户外面升起来了。

⑩风扇——便目不转睛地望着那里

便目不转睛地望着风扇。

联想完之后，按照地点的顺序去回忆原文，如果大概意思能够对上，个别地方和原文有出入，属于很正常的现象，再依照原文修正就可以了。

有些人会觉得这样联想改变了原文的意思，这没关系，我们大脑先天就具有这种能力，联想的时候改变了，但在回忆的时候能够还原。比如第四句原文是"只听见船里机器的声音"，我们联想成了"只听见小沙发上机器的声音"。当我们回忆的时候，只要一想到小沙发就会想到小沙发上有机器的声音，进而又会想到"只听见船里机器的声音"。

用地点定位法记忆的时候，可以把地点跟整个句子的意思进行联结，也可以和句子中的关键词联结，根据实际需要选择合适的联结方式。通过这样联想，基本上一遍就可以做到倒背如流。

3. 数字编码定位法

用数字编码定位法记文章，就是把数字编码分别和每句的意思或句子里的关键词进行联结，然后按照数字编码的顺序回忆原文。

草　原

老　舍

这次，我看到了草原。那里的天比别处的更可爱，空气是那么清鲜，天空是那么明朗，使我总想高歌一曲，表示我满心的愉快。在天底下，一碧千里，而并不茫茫。四面都有小丘，平地是绿的，小丘也是绿的。羊群一会儿上了小丘，一会儿又下来，走在哪里都像给无边的绿毯绣上了白色的大花。那些小丘的线条是那么柔美，就像只用绿色渲染，不用墨线勾勒的中国画那样，到处翠色欲流，轻轻流入云际。这种境界，既使人惊叹，又叫人舒服，既愿久立四望，又想坐下低吟一道奇丽的小诗。在这境界里，连骏马和大牛都有时候静立不动，好像回味着草原的无限乐趣。

把这段文字拆成下面的句子：

01. 这次，我看到了草原

02. 那里的天比别处的更可爱

03. 空气是那么清鲜

04. 天空是那么明朗

05. 使我总想高歌一曲，表示我满心的愉快

06. 在天底下，一碧千里，而并不茫茫

07. 四面都有小丘

08. 平地是绿的，小丘也是绿的

09. 羊群一会儿上了小丘，一会儿又下来

10. 走在哪里都像给无边的绿毯绣上了白色的大花

11. 那些小丘的线条是那么柔美

12. 就像只用绿色渲染，不用墨线勾勒的中国画那样

13. 到处翠色欲流

14. 轻轻流入云际

15. 这种境界，既使人惊叹，又叫人舒服

16. 既愿久立四望，又想坐下低吟一道奇丽的小诗

17. 在这境界里，连骏马和大牛都有时候静立不动

18. 好像回味着草原的无限乐趣

把数字编码和每句话的意思或关键词进行联想。

01. 小树——这次，我看到了草原

联想：我站在小树下面看到了草原

02. 铃儿——那里的天比别处的更可爱

联想：铃儿比别处的更可爱

03. 凳子——空气是那么清鲜

联想：凳子上的空气很清鲜

04. 轿车——天空是那么明朗

联想：天空明朗的日子里开着轿车出去

05. 手套——使我总想高歌一曲，表示我满心的愉快

联想：戴上手套很开心，使我总想高歌一曲，表示我满心的愉快

06. 手枪——在天底下，一碧千里，而并不茫茫

联想：拿着手枪站在天底下往四周看，一碧千里

07. 锄头——四面都有小丘

联想：拿着锄头到四面的小丘上去

08. 溜冰鞋——平地是绿的，小丘也是绿的

联想：穿上溜冰鞋从绿色的平地上溜到绿色的小丘上

09. 猫——羊群一会儿上了小丘，一会儿又下来

联想：猫一会儿上了小丘，一会儿又下来

10. 棒球——走在哪里都像给无边的绿毯绣上了白色的大花

联想：在绿毯上打棒球

后面的自己试着联想：

11. 筷子——那些小丘的线条是那么柔美

联想：_____

12. 椅儿——就像只用绿色渲染，不用墨线勾勒的中国画那样

联想：_____

13. 医生——到处翠色欲流

联想：_____

14. 钥匙——轻轻流入云际

联想：_____

15. 鹦鹉——这种境界，既使人惊叹，又叫人舒服

联想：_____

16. 石榴——既愿久立四望，又想坐下低吟一道奇丽的小诗

联想：_____

17. 仪器——在这境界里，连骏马和大牛都有时候静立不动

联想：_____

18. 腰包——好像回味着草原的无限乐趣

联想：_____

我用残损的手掌

戴望舒

我用残损的手掌

摸索这广大的土地：

这一角已变成灰烬，

那一角只是血和泥；

这一片湖该是我的家乡，

春天，堤上繁花如锦障，

嫩柳枝折断有奇异的芬芳，

我触到荇藻和水的微凉；

这长白山的雪峰冷到彻骨，

这黄河的水夹泥沙在指间滑出；

江南的水田，那么软……现在只有蓬蒿；

岭南的荔枝花寂寞地憔悴，

尽那边，我蘸着南海没有渔船的苦水……

无形的手掌掠过无恨的江山，

手指沾了血和灰，手掌沾了阴暗，

只有那辽远的一角依然完整，

温暖，明朗，坚固而蓬勃生春。

在那上面，我用残损的手掌轻抚，

像恋人的柔发，婴孩手中乳。

我把全部的力量运在手掌

贴在上面，寄予爱和一切希望，

因为只有那里是太阳，是春，

将驱逐阴暗，带来苏生，

因为只有那里我们不像牲口一样活，

蝼蚁一样死……那里，永恒的中国！

有25句，我们用21~45共25个数字编码来记忆。

21. 鳄鱼——我用残损的手掌

联想：我用残损的手掌打鳄鱼（或鳄鱼把我的手掌咬残损了）

22. 双胞胎——摸索这广大的土地

联想：双胞胎在摸索这广大的土地

23. 和尚——这一角已变成灰烬

联想：和尚头上有很多灰烬

24. 闹钟——那一角只是血和泥

联想：闹钟上有很多血和泥

25. 二胡——这一片湖该是我的家乡

联想：在家乡的湖边拉二胡

26. 河流——春天，堤上繁花如锦障

联想：到了春天，河堤上繁花如锦障

27. 耳机——嫩柳枝折断有奇异的芬芳

联想：耳机插在折断的嫩柳枝上，有奇异的芬芳

28. 恶霸——我触到荇藻和水的微凉

联想：恶霸触到荇藻和水的微凉

29. 阿胶——这长白山的雪峰冷到彻骨

联想：长白山的雪峰上长着很多阿胶

30. 三轮车——这黄河的水夹泥沙在指间滑出

联想：黄河的水夹泥沙流到三轮车上

31. 鲨鱼——江南的水田，那么软……现在只有蓬蒿

联想：鲨鱼跳到江南的水田里

32. 扇儿——岭南的荔枝花寂寞地憔悴

联想：扇儿一扇，岭南的荔枝花就变得很憔悴

33. 星星——尽那边，我蘸着南海没有渔船的苦水……

联想：＿＿＿＿＿＿＿＿＿＿＿＿＿＿＿＿＿＿＿＿＿＿＿＿＿

34. 三丝——无形的手掌掠过无恨的江山

联想：＿＿＿＿＿＿＿＿＿＿＿＿＿＿＿＿＿＿＿＿＿＿

35. 山虎——手指沾了血和灰，手掌沾了阴暗

联想：＿＿＿＿＿＿＿＿＿＿＿＿＿＿＿＿＿＿＿＿＿＿

36. 山鹿——只有那辽远的一角依然完整

联想：＿＿＿＿＿＿＿＿＿＿＿＿＿＿＿＿＿＿＿＿＿＿

37. 山鸡——温暖，明朗，坚固而蓬勃生春

联想：＿＿＿＿＿＿＿＿＿＿＿＿＿＿＿＿＿＿＿＿＿＿

38. 妇女——在那上面，我用残损的手掌轻抚

联想：＿＿＿＿＿＿＿＿＿＿＿＿＿＿＿＿＿＿＿＿＿＿

39. 山丘——像恋人的柔发，婴孩手中乳

联想：＿＿＿＿＿＿＿＿＿＿＿＿＿＿＿＿＿＿＿＿＿＿

40. 司令——我把全部的力量运在手掌

联想：＿＿＿＿＿＿＿＿＿＿＿＿＿＿＿＿＿＿＿＿＿＿

41. 蜥蜴——贴在上面，寄予爱和一切希望

联想：＿＿＿＿＿＿＿＿＿＿＿＿＿＿＿＿＿＿＿＿＿＿

42. 柿儿——因为只有那里是太阳，是春

联想：＿＿＿＿＿＿＿＿＿＿＿＿＿＿＿＿＿＿＿＿＿＿

43. 石山——将驱逐阴暗，带来苏生

联想：＿＿＿＿＿＿＿＿＿＿＿＿＿＿＿＿＿＿＿＿＿＿

44. 蛇——因为只有那里我们不像牲口一样活

联想：＿＿＿＿＿＿＿＿＿＿＿＿＿＿＿＿＿＿＿＿＿＿

45. 师父——蝼蚁一样死……那里，永恒的中国

联想：＿＿＿＿＿＿＿＿＿＿＿＿＿＿＿＿＿＿＿＿＿＿

第六节　古文背诵

记忆古文的步骤：快速浏览，扫除生字障碍；通读两遍，培养语感；看译文，懂意思；记忆。

1. 故事法

答谢中书书

【南朝】陶弘景

山川之美，古来共谈。高峰入云，清流见底。两岸石壁，五色交辉。青林翠竹，四时俱备。晓雾将歇，猿鸟乱鸣。夕日欲颓，沉鳞竞跃。实是欲界之仙都，自康乐以来，未复有能与其奇者。

首先还是用故事法，在每一句里找出一个关键词或提示词，用故事法先把这些词记住，再由这些词语来回忆原文。

山川之美，古来共谈。高峰入云，清流见底。两岸石壁，五色交辉。青林翠竹，四时俱备。晓雾将歇，猿鸟乱鸣。夕日欲颓，沉鳞竞跃。实是欲界之仙都，自康乐以来，未复有能与其奇者。

山川　谈　高峰　清流　石壁　翠竹

晓雾　猿鸟　夕日　沉鳞　仙都　康乐

想象你坐在山川上谈论高峰，看见一股清流从石壁下面流向一片翠竹林，竹林里迷漫着晓雾……

2. 定位系统

念奴娇·赤壁怀古

【宋】苏　轼

大江东去，浪淘尽，千古风流人物。故垒西边，人道是，三国周郎赤壁。

乱石穿空，惊涛拍岸，卷起千堆雪。江山如画，一时多少豪杰！

遥想公瑾当年，小乔初嫁了，雄姿英发。羽扇纶巾，谈笑间，樯橹灰飞烟灭。故国神游，多情应笑我，早生华发（fà）。人生如梦，一尊还（huán）酹（lèi）江月。

这是一首咏史怀古词，是《全宋词》中一首千古传诵的咏史佳作。中学才学习的内容，但有很多同学在小学阶段就已经开始背诵了，更多的同学是背完很快就忘记了。这里跟大家分享一种背诵的方法，让大家能够牢牢地记住！

首先还是先扫除生字障碍，然后通读两遍，理解意思。本文的大致意思是：

长江向东流去，波浪滚滚，千古的英雄人物都（随着长江水）逝去。那旧营垒的西边，人们说（那）就是三国时候周瑜（作战的）赤壁。陡峭不平的石壁直刺天空，大浪拍击着江岸，激起一堆堆雪白的浪花。江山像一幅奇丽的图画，那个时代会集了多少英雄豪杰。

遥想当年的周瑜，小乔刚嫁给他，他正年轻有为，威武的仪表，英姿奋发。（他）手握羽扇，头戴纶巾，谈笑之间，（就把）强敌的战船烧得灰飞烟灭。（此时此刻），（我）怀想三国旧事，凭吊古人，应该笑我自己多情善感，头发早早地都变白了。人生在世就像一场梦一样，我还是倒一杯酒来祭奠江上的明月吧！

将每句话的意思和定位系统进行联结，这里让大家体验一下如何用身体部位和人物作为定位系统来背诵课文。

相对于现代文来说，古文难度要大一些，我们在背诵的时候要把原文分得尽量短一些。

这篇文章被我分成以下19个短句：

1.大江东去，2.浪淘尽，千古风流人物。3.故垒西边，

4.人道是，三国周郎赤壁。5.乱石穿空，6.惊涛拍岸，

7. 卷起千堆雪。8. 江山如画，9. 一时多少豪杰！

10. 遥想公瑾当年，11. 小乔初嫁了，12. 雄姿英发。

13. 羽扇纶巾，14. 谈笑间，樯橹灰飞烟灭。15. 故国神游，

16. 多情应笑我，17. 早生华发。18. 人生如梦，

19. 一尊还酹江月。

前面12句用身体部位，后面7句我们找《西游记》里的7个人物，他们的顺序是：如来、太上老君、唐僧、孙悟空、猪八戒、沙僧、白龙马。接下来，把身体部位和人物跟原文中的句子一一对应并建立联结。

身体部位：

头——大江东去，

联想：你在大江里洗头，结果头发掉进大江，随江水一起往东流

眼睛——浪淘尽，千古风流人物。

联想：眼睛看到很多风流人物被浪冲进了江里

鼻子——故垒西边，

联想：鼻子碰倒了旧时的营垒，倒在西边

嘴巴——人道是，三国周郎赤壁。

联想：有人用嘴巴在说，那就是三国时周郎大破曹操的赤壁

脖子——乱石穿空，

联想：脖子里飞出很多乱石穿向空中（乱石把脖子穿空了）

肩膀——惊涛拍岸，

联想：惊人的浪涛拍打着肩膀

胸口——卷起千堆雪。

联想：把千堆雪卷起来抱在胸前

肚子——江山如画，

联想：肚子上画了一幅江山画

大腿——一时多少豪杰！

联想：_____

膝盖——遥想公瑾当年，

联想：_____

小腿——小乔初嫁了，

联想：_____

脚——雄姿英发。

联想：_____

到这里回头复习一下，看看能不能把前面的内容背出来。

人物：

如来——羽扇纶巾，

联想：如来手拿羽扇，头戴纶巾。

太上老君——谈笑间，樯橹灰飞烟灭。

联想：太上老君在谈笑间把樯橹烧得灰飞烟灭。

唐僧——故国神游，

联想：唐僧在故国像神仙一样游玩。

孙悟空——多情应笑我，

联想：_____

猪八戒——早生华发。

联想：_____

沙僧——人生如梦，

联想：_____

白龙马——一尊还酹江月。

联想：_____

联想完之后试试看能不能把全文背下来，然后再试着倒背，从中间任抽第几句。

石壕吏

【唐】杜　甫

暮投石壕村，有吏夜捉人。老翁逾墙走，老妇出门看。吏呼一何怒！妇啼一何苦！

听妇前致词：三男邺城戍。一男附书至，二男新战死。存者且偷生，死者长已矣！室中更无人，惟有乳下孙。有孙母未去，出入无完裙。老妪力虽衰，请从吏夜归，急应河阳役，犹得备晨炊。夜久语声绝，如闻泣幽咽。天明登前途，独与老翁别。

把这篇文章分成13个句子，用数字编码51~63对应联想。

51. 工人——暮投石壕村，有吏夜捉人。

联想：工人暮投石壕村，看见有官吏在夜里捉人

52. 斧儿——老翁逾墙走，老妇出门看。

联想：老翁带着斧儿逾墙走，老妇出门去看

53. 乌纱帽——吏呼一何怒！妇啼一何苦！

联想：戴着乌纱帽的官吏在大呼

54. 青年——听妇前致词：

联想：青年在听老妇人致词

55. 火车——三男邺城戍。

联想：三个儿子坐火车去守卫邺城

56. 蜗牛——一男附书至，二男新战死。

联想：一个儿子骑着蜗牛往家里送信

57. 武器——存者且偷生，死者长已矣！

联想：＿＿＿＿＿＿＿＿＿＿＿＿＿＿＿＿＿＿＿＿＿＿

58. 尾巴——室中更无人，惟有乳下孙。

联想：＿＿＿＿＿＿＿＿＿＿＿＿＿＿＿＿＿＿＿＿＿＿

59. 蜈蚣——有孙母未去，出入无完裙。

联想：＿＿＿＿＿＿＿＿＿＿＿＿＿＿＿＿＿＿＿＿＿＿

60. 榴莲——老妪力虽衰，请从吏夜归，

联想：＿＿＿＿＿＿＿＿＿＿＿＿＿＿＿＿＿＿＿＿＿＿

61. 儿童——急应河阳役，犹得备晨炊。

联想：＿＿＿＿＿＿＿＿＿＿＿＿＿＿＿＿＿＿＿＿＿＿

62. 牛儿——夜久语声绝，如闻泣幽咽。

联想：＿＿＿＿＿＿＿＿＿＿＿＿＿＿＿＿＿＿＿＿＿＿

63. 流沙——天明登前途，独与老翁别。

联想：＿＿＿＿＿＿＿＿＿＿＿＿＿＿＿＿＿＿＿＿＿＿

陋室铭

【唐】刘禹锡

山不在高，有仙则名。水不在深，有龙则灵。斯是陋室，惟吾德馨。苔痕上阶绿，草色入帘青。谈笑有鸿儒，往来无白丁。可以调素琴，阅金经。无丝竹之乱耳，无案牍之劳形。南阳诸葛庐，西蜀子云亭。孔子云："何陋之有？"

把这篇文章分成9个句子，我们用9个地点来记忆。

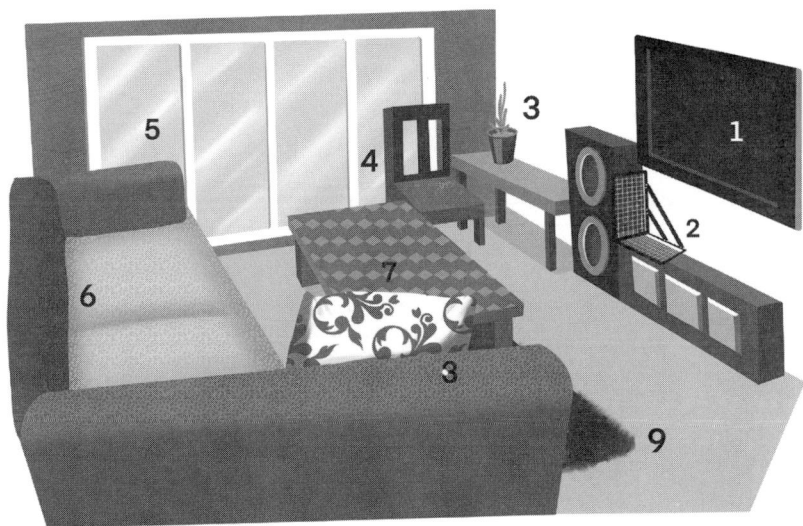

1.电视机　2.架子　3.桌子　4.椅子

5.玻璃门　6.沙发　7.茶几　8.靠枕　9.地板

1.电视机——山不在高，有仙则名。

2.架子——水不在深，有龙则灵。

3.桌子——斯是陋室，惟吾德馨。

4.椅子——苔痕上阶绿，草色入帘青。

5.玻璃门——谈笑有鸿儒，往来无白丁。

6.沙发——可以调素琴，阅金经。

7.茶几——无丝竹之乱耳，无案牍之劳形。

8.靠枕——南阳诸葛庐，西蜀子云亭。

9.地板——孔子云："何陋之有？"

用前面学过的对应联想的方式，直接把地点和关键词连接，比如：电视机旁边有座山，山上住着神仙；桌子上有一个丑陋的德国人；椅子上长满了青苔和草等。词语记住以后，再由词语还原整个句子。

对于较长的文章，可以将故事法、数字编码定位法、地点定位法、身体定位法、人物定位法等结合使用，一段一段地背诵。

3. 图忆法

另外还有一种背诵古文、古诗词的方法，目前国内很多记忆方法的培训机构都在使用，但叫法不同，如"文本图像法""万里长城记忆法""顺藤摸瓜法""走马观花法"等，其记忆的方法也有细微差别，但都是大同小异，在这里我们统一把它叫作"图忆法"，就是借助图像来帮助我们记忆。下面举几个例供大家参考。

用图忆法背诵白居易的《卖炭翁》。

卖炭翁

【唐】白居易

卖炭翁，伐薪烧炭南山中。

满面尘灰烟火色，两鬓苍苍十指黑。

卖炭得钱何所营？身上衣裳口中食。

可怜身上衣正单，心忧炭贱愿天寒。

夜来城外一尺雪，晓驾炭车辗冰辙。

牛困人饥日已高，市南门外泥中歇。

翩翩两骑来是谁？黄衣使者白衫儿。

手把文书口称敕，回车叱牛牵向北。

一车炭，千余斤，宫使驱将惜不得。

半匹红绡一丈绫，系向牛头充炭直。

先看图1，仔细看每个图代表的文字，然后再看着图2试试能不能把原文回忆出来，最后不看图就能做到脑中有图，达到完全背诵的效果。

其余两篇文章《观沧海》（对应插图3、4）、《陈太丘与友期》（对应插

图 1

图2

图5、6）也按照同样的方法背诵。

观沧海

【东汉】曹操

东临碣石，以观沧海。水何澹澹，山岛竦峙。树木丛生，百草丰茂。

秋风萧瑟，洪波涌起。日月之行，若出其中。星汉灿烂，若出其里。

幸甚至哉，歌以咏志。

陈太丘与友期

【南朝】刘义庆

陈太丘与友期行，期日中。过中不至，太丘舍去，去后乃至。元方时年七岁，门外戏。客问元方："尊君在不？"答曰："待君久不至，已去。"友人便怒曰："非人哉！与人期行，相委而去。"元方曰："君与家君期日中。日中不至，则是无信；对子骂父，则是无礼。"友人惭，下车引之，元方入门不顾。

图 3

图4

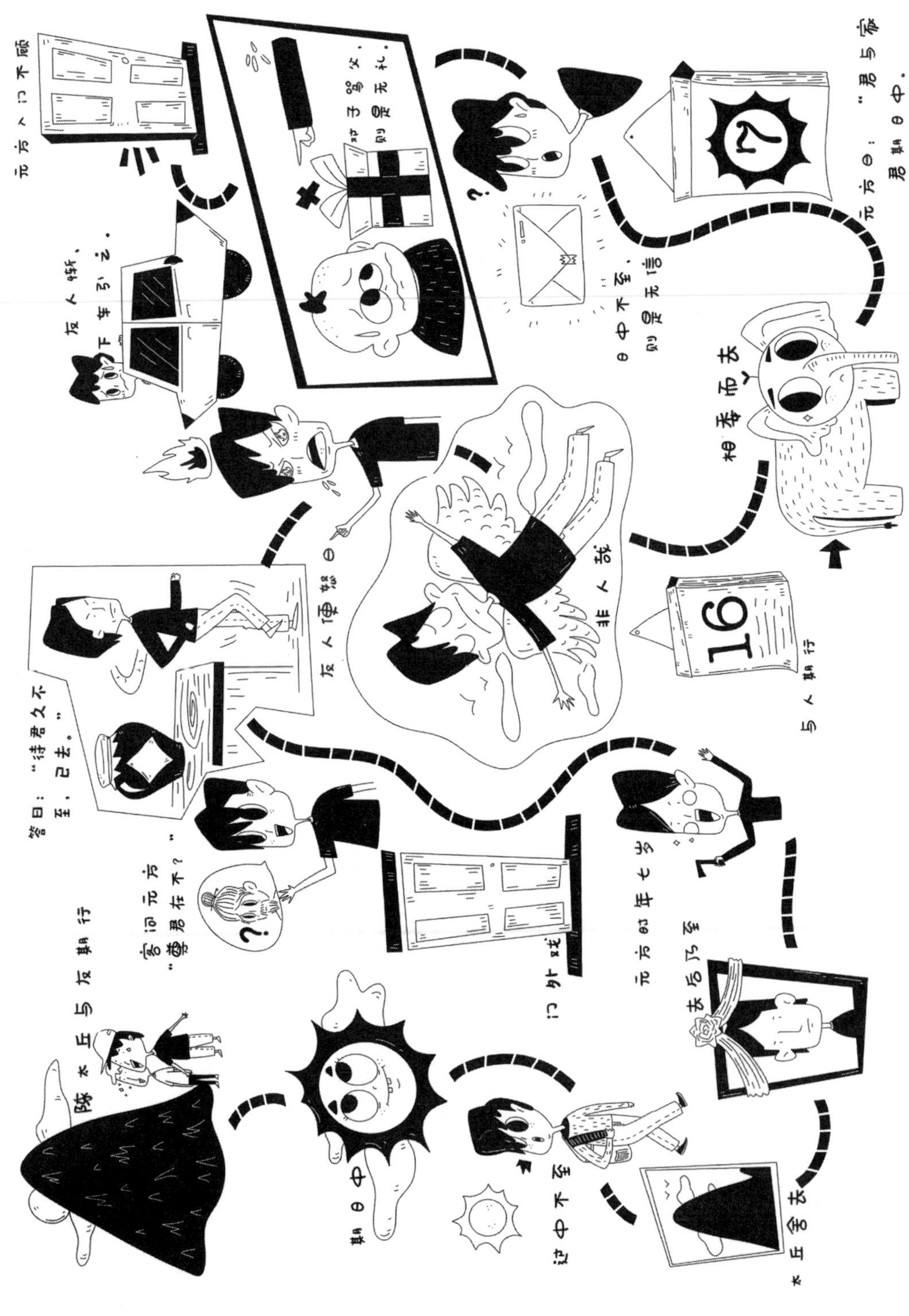
陈太丘与友期行
期日中
过中不至
太丘舍去
去后乃至
元方时年七岁
门外戏
客问元方
“尊君在不？”
答曰：“待君久不至，已去。”
友人便怒曰
非人哉
与人期行
相委而去
元方曰：“君与家君期日中。
日中不至，则是无信
对子骂父，则是无礼。
友人惭，下车引之。
元方入门不顾

图5

图 6

第七节 神奇的字母编码

对于每一个中小学生来说，记英语单词是必不可少的。但大部分同学记单词都是采用死记硬背的方式，记了又忘，忘了又记，重复100~150次，浪费了大量的时间和精力，而收效甚微。所以，记单词不仅是学生烦恼的事情，也是家长们所头疼的问题。

我们先来算一笔账：一个五年级的学生，一个学期学习的单词80~120个（不同版本单词量不同）。一个学期有多少天呢？按20个星期计算，就是140天。也就是说，平均每天需要记忆不到一个单词，但大部分同学一天连这一个单词都没有记住，有些同学一册书学完了一个单词也没有记住。

那么记单词的困难到底有哪些？经过课堂上的多次调查发现，同学们普遍觉得记单词有以下困难。

（1）枯燥无味。天天面对这些没有意义、没有规律的字母符号信息，觉得枯燥乏味，找不到学习的乐趣。

（2）方法单一。通常只会使用死记硬背的方法，找不到更好的记忆方式。

（3）战线太长。记一个单词要进行无数次的重复。

那么，有没有一种好的方法能够解决这些问题呢？

答案是肯定的。只要掌握科学的记忆方法，充分发挥右脑的记忆能力，左右脑结合起来，一天记忆100~200个单词是完全可以做到的。过去在我们的学生当中很多人都可以在两天内记住一个学期要学的英语单词。首先你要改变观念，相信这是能够做到的。人之所以能，是因为相信能。你说能或不能，你都是对的，同时你将会得到不同的结果。其次，要改变你过去的方法，用过去的方法只会得到和过去相同的结果，要想得到和过去不同的结果，就必须改变过去的方法。有些中学生已经养成了过去的那种学习习惯，如果要改变方法，可能刚开始会有些不习惯，但要坚持运用，你要相信这种方法一定能够帮助到你。

首先我们来看一看，一个英语单词有几个重要的元素。就拿英语单词participate为例，重要元素如下：

拼写　　　　读音　　　　中文意思

所谓背单词，就是把这3个重要元素联结起来。

也就是说，在背单词时，我们所做的一切就是把3个重要元素联结起来。当然，我们可以引入一系列技巧来帮助我们构建联结。总之，从这个原则出发，背单词的效率就会有一个根本性的提升。

我们都知道，记忆法的核心理念就是把我们要记忆的内容与我们所熟悉的内容联结起来，即我们常说的用熟悉记陌生。例如：当一个孩子第一次看到"休"字的时候，不难发现它看起来像"人"靠在"木"头上，自然而然就想到："一个人太累了，靠在木头上休息。"而"人"和"木"对于每个孩子来说都是熟悉的知识。这也是每一个人从小就掌握的记忆技巧。

而目前的现状是，几乎每个学生背单词，就是机械地写或读，把想象力放置在一旁，这样的记忆效率是可想而知的。很多人一开始都非常希望能学好英语，但是大部分人都不能持续地用心去学，特别是背单词。这一点并不奇怪，没有人能持续地忍受机械的重复所带来的乏味感，很多兴趣都在这种挫败感中遗失殆尽。

对每一个中国人来说，我们每天都在说中文、用中文，每个人都对中文很熟悉，可以说，我们的大脑有个庞大的中文信息库。我们很早就学会了拼音，很多单词或单词中的字母组合都可以通过转换成熟悉的拼音来帮助记忆的。例如：

banana　[bəˈnɑːnə] n.香蕉

先看一下有哪些我们熟悉的部分：

ba—（拼音）爸

nana—（拼音）娜娜

联想：爸爸把香蕉给了娜娜。

还有些陌生的单词里本身就包含以前所学过的单词。例如：

scarcity [ˈskɛəsiti] n.缺乏，不足

我们来观察一下里面包含的熟悉的单词：

s —（形状像）美女

car—汽车

city —城市

联想：美女开着汽车去城市，结果缺乏汽油。

这里car和city本身就是以前学过的熟词，直接作为一个整体元素运用就行了，所以没有必要再从头到尾一个字母一个字母地拼。就像学汉字一样，比如"观众"的"观"，我们只需要说一个"又"加一个"见"就行了，而不是一个笔画一个笔画地说，道理是一样的。

除了用熟悉记陌生之外，记单词过程中还要充分发挥右脑的想象能力，把枯燥无味的抽象的字母转化成生动的图像，再在这些图像之间建立联系，编成一个个生动的故事或画面，让记单词像看电影一样有趣，像玩游戏一样过瘾。

聪明人做事都知道把复杂的问题简单化，记单词也是一样，长单词、难单词都是由简单的单词或字母组成的，因此，要学好英语单词，首先要熟练掌握26个英文字母，和数字编码一样，我们给26个字母也进行了编码。

a		苹果	n		门
b		笔	o		呼啦圈
c		月牙	p		皮鞋
d		弟	q		旗
e		衣	r		叉子
f		斧	s		蛇
g		鸽子	t		伞
h		椅子	u		桶
i		蜡烛	v		漏斗
j		鱼钩	w		乌鸦
k		机关枪	x		剪刀
l		笛子	y		衣撑
m		麦当劳	z		鸭子

每个字母可以有多个编码，除了本书所提供的编码外，你也可以有自己的编码，在记单词的过程中，联想的时候如果觉得这个编码不好用，可以换成另外的编码。

常用字母编码表

字母	编码1	编码2	你的编码
Aa	苹果、帽子	air飞机	
Bb	笔、手机、6	bee蜜蜂	
Cc	月牙	cat猫	
Dd	弟弟	dog狗	
Ee	衣、鹅	eye眼睛	
Ff	斧头、拐杖	frog青蛙	
Gg	9、鸽子	goose鹅	
Hh	椅子	hair头发	
Ii	哑铃、蜡烛	ice冰	
Jj	鱼钩	jacket夹克	
Kk	机关枪	knife小刀	
Ll	金箍棒、笛子	leg大腿	
Mm	麦当劳	milk牛奶	
Nn	门、拱桥	noodle面条	
Oo	呼啦圈、鸡蛋	opera歌剧	
Pp	皮鞋	pig猪	
Qq	小旗、企鹅	queen女王	
Rr	小草、叉子	rose玫瑰花	

续表

字母	编码1	编码2	你的编码
Ss	蛇、美女	sea大海	
Tt	伞	tie领带	
Uu	桶、杯子	university大学	
Vv	漏斗	village乡村	
Ww	乌鸦、锯子	window窗	
Xx	剪刀	x-rayX线	
Yy	衣撑、树丫、弹弓	young年轻的	
Zz	鸭子、2	zoo动物园	

第八节　英语单词记忆十大方法

1. 字母编码法

对单词里面的字母或字母组合进行编码，然后通过联想的方式来进行记忆，这种方法叫字母编码法。

字母编码法可以单独使用，也可以和其他方法结合使用。

log [lɒg] n. 木头，木材

方法一：lo（形状像）10；g 哥

联想：10个哥哥都像木头一样（木讷）。

方法二：log（形状像）109

联想：他有109根木头或这根木头有109千克重。

boom [buːm] n.繁荣 v.兴隆

方法：boo（形状像）600；m麦当劳

联想：这个城市有600家麦当劳，所以很繁荣。

gloom [glu:m] n. 忧郁

方法：gloo9100 + m米

联想：老师让我跑9100米，我感到很忧郁。

woo [wu:] v.求爱

方法：w乌鸦 + oo眼镜

联想：乌鸦戴着眼镜在求爱。

assess [əˈses] vt. 评估

方法：a帽子 + ss两个美女 + e衣 + ss两个美女

联想：戴着帽子的两个美女在评估穿衣服的两个美女。

2. 熟词分解法

英语中有很多单词是由两个或者两个以上的单词组合而成的。熟词分解法就是为了满足快速记忆单词的需要，将新的单词分解成两个或两个以上的熟悉单词，然后通过联想技巧来记忆单词的一种方法。

candidate [ˈkændidit] n. 候选人

方法：can 能 + did 做的过去式 + ate 吃的过去式

联想：在过去能做又能吃的人都是候选人。

blackboard [ˈblækbɔ:d] n. 黑板

方法：black黑色的 + board 板

联想：黑色的板子就是黑板。

hesitate [ˈheziteit] v. 犹豫

方法：he他 + sit坐 + ate吃的过去式

联想：他坐着吃东西，犹豫不决。

understand [ˌʌndəˈstænd] v. 理解、懂得

方法：under 下面 + stand 站

联想：在下面站着的都是已经理解的人。

playground [ˈpleɪɡraʊnd] n. 操场

方法：play 玩 + ground地面

联想：操场就是用来玩的地方。

forget [fəˈget] v. 忘记

方法：for为了 + get得到

联想：为了得到奖励，我经常忘记吃饭。

history [ˈhɪstəri] n. 历史

方法：hi嗨 + story故事

联想：hi！历史就是故事。

3. 拼音法

有些单词的字母组合跟汉语拼音是一样的，利用我们前面所讲的用熟悉记陌生的原则，把这些字母组合转化成拼音来记单词的方法就被称为拼音法。

rice [rais] n. 米饭

方法：ri 日 + ce 厕

联想：日本人在厕所里吃米饭。

share [ʃɛə] v. 分享

方法：sha 傻 + re 热

联想：傻瓜在热情地分享。

sense [sens] v. 感觉到；意识到

方法：sen森 + se色

联想：她感觉到森林里有色狼。

danger ['deɪndʒə] n. 危险

方法：dang当+er儿

联想：当儿子的不能让父母有危险。

change [tʃeɪndʒ] vt. 改变

方法：chang嫦 + e娥

联想：嫦娥改变了对猪八戒的看法。

4. 字母编码+熟词法

前面我们已经学习过3种方法：字母编码法、熟词分解法和拼音法。但有些单词不仅仅是只有熟词或拼音，而是字母和熟词在一起，因此我们引入了另一种方法——字母编码+熟词法。

不同的单词字母编码的位置是不同的，有的字母在前面，有的在后面，也有的在两个或多个熟词的中间，也有的在两边。

glove [glʌv] n.手套

方法：g哥 + love爱

联想：哥哥爱手套。

groom [grum, gruːm] n.新郎

方法：g哥哥 + room房间

联想：哥哥入房间，变成了新郎。

spark [spɑːk] n. 火花

方法：s美女 + park公园

联想：美女在公园放火花。

swear [swɛə] vt.&vi.发誓；郑重承诺；咒骂，说脏话

方法：s 美女 + wear 穿

联想：美女发誓要穿最好的衣服。

gear [giə] n. 齿轮

方法：g 哥 + ear 耳朵

联想：哥哥的耳朵上挂着一个齿轮。

shell [ʃel] n. 贝壳

方法：she 她 + ll（形状像）11

联想：她捡了11个贝壳。

phenomenon [fiˈnɔminən] n.现象

方法：p皮 + hen 母鸡 + o 蛋 + men 男人（复数）+ on在……上面

联想：扒了皮的母鸡下了个蛋在男人们的头上，这是一种很奇怪的现象。

5. 字母编码+拼音法

和字母编码+熟词法类似，有些单词是由字母和拼音组成的，像这种把字母编码和拼音之间进行联想记忆单词的方法叫字母编码 + 拼音法。

lose [luːz] 失去；丢失

方法：lo（形状像）10 + se 色

联想：这10个色狼都失去了朋友。

mall [mɔːl] n.购物商场

方法：ma 妈+ll（形状像）11

联想：妈妈11点钟去购物商场。

shall [ʃəl; ʃæl] verb. 将；将会

方法：sha（拼音）傻 + ll（形状像）筷子

联想：傻人将要用筷子杀人。

schedule [ˈʃedjuːl ; ˈskedʒuːl] n.时间表；计划表

方法：s 美女 + che du le 车堵了

联想：美女车堵了，错过时间表。

humorous ['hju:mərəs] adj. 幽默的

方法：hu 胡 + mo 墨 + rou 肉 + s 美女

联想：胡先生把墨水倒在肉里给美女吃，真的很幽默。

dangerous ['dendʒərəs] 危险的

方法：dang 当 + e rou 鹅肉 + s 美女

联想：当鹅肉吃完的时候美女是危险的。

famous ['feiməs] adj. 著名的

方法：fa 发 + mou 谋 + s 美女

联想：周润发和张艺谋爱上一个著名的美女。

6. 字母换位法

有些陌生的单词和我们以前学过的某个单词类似，只要调换一个字母的顺序，就变成了我们所熟悉的单词，这种记忆单词的方法叫字母换位法。

用这种方法记单词不但记住了一个新的单词，而且还把那个跟它类似的单词又复习了一遍。但这类单词比较少见。

moor [mɔ:] v. 停泊

方法：倒过来写，room 房间

联想：把船停泊在房间门口。

era [ˈiərə] n.时代，纪元

方法：倒过来写，are 是

联想：这是一个经济发达的时代。

raw [rɔ:] a. 生的；未煮过的

方法：倒过来写，war 战争

联想：战争时条件很苦，吃的食物都是生的。

dam [dæm] n.水坝，水堤；障碍物

方法：倒过来写，mad 发疯的

联想：水坝上有个发疯的人。

evil [i:vəl] n.邪恶；祸害 a.坏的

方法：倒过来写，live 居住

联想：这里居住的都是邪恶的人。

devil [ˈdevəl] n. 魔鬼

方法：倒过来写，lived 居住的过去式

联想：过去这里居住着一个魔鬼。

7. 形似法

找到两个或两个以上单词之间的差异和共同点并进行分析比较，这种记忆单词的方法叫形似法。

形似法有两种情况，一种是两个单词在一起比较，这种方法被称为"变形比较法（对比记忆法）"；另一种是两个以上的单词在一起比较，这种方法被称为"羊肉串记忆法（关键点记忆法）"。

（1）变形比较法（对比记忆法）

alter [ˈɔ:ltə] v.改变

对比：after在……之后

联想：结婚之后她的性格改变了。

policy ['pɔlisi] n.政策，方针

对比：police警察

联想：警察执行政策。

dank [dæŋk] adj.透水的，潮湿的

对比：bank 银行

联想：银行里透水了。

mouse [maus] n.鼠；耗子

对比：house房子

联想：老鼠钻进房子里偷吃粮食。

sheet [ʃiːt] n. 被单，被褥

对比：sheep n. 绵羊

联想：绵羊在被单里睡觉。

（2）羊肉串记忆法（关键点记忆法）

这种方法之所以被称为羊肉串记忆法，是因为它一次记忆多个单词，就像把多块羊肉串起来一样。由于英语单词数目比较庞大，但是构成单词的字母就只有26个，这就必然会出现很多词形类似的单词，如：

ell

bell cell hell sell tell well yell

ill

bill fill hill kill mill pill till will

all

ball call fall hall mall tall wall

are

bare care dare fare hare mare rare ware

ear

bear dear fear gear hear near rear tear wear year

ight

eight weight height fight light might

在记忆的时候只要把重点放在不同的地方就可以了。

eight 八

联想：八只鹅。

weight 重量

联想：乌鸦在称重量。

height 高度

联想：测量椅子的高度。

fight 打架

联想：用斧头打架。

light 灯，光，点燃

联想：l 像灯管。

might 可能

联想：中午有可能要吃麦当劳。

8. 谐音法

运用我们的想象力在英语单词的发音和汉语之间强行建立一定的联系，这样只要听到发音就会立刻想到汉语意思，这种方法被称为谐音法。

有些单词本身就是音译词，如：

cartoon [kɑ:ˈtu:n] n.卡通；漫画

coffee [ˈkɔfi] n.咖啡

salad [ˈsæləd] n.色拉；凉拌菜

hamburger[ˈhæmbəːgə] n.汉堡包

有些不是音译词，但为了记忆，强行在发音和汉语之间建立联系。如：

admire [ədˈmaiə] v. 羡慕

谐音：额的妈呀

联想：羡慕别人的时候总喜欢说"额的妈呀"。

ponderous [ˈpɔndərəs] a.笨重的

谐音：胖得要死

联想：胖得要死就是太笨重了。

ambulance [ˈæmbjuləns] n. 救护车

谐音：俺不能死

联想：俺不能死，所以要赶紧叫救护车。

envelope [ˈenviləup]n.信封，封套，封袋

谐音：安慰老婆

联想：写封信装在信封里寄回去安慰老婆。

vacation [vəˈkeiʃən]n.假期

谐音：我开心

联想：放假了我开心。

bullet ['bulit] n.子弹

谐音：不理它

联想：子弹来了，我们可以不理它。

9. 词素记忆法

词素记忆法，就是利用之前已经掌握的词根加上词缀构成新单词的方法。

care [kɛə] n.注意，照料 vi.关心，顾虑

careful ['kɛəful] adj.小心的，仔细的

carefully ['keəfuli] adv.小心地，谨慎地

careless ['kɛəlis] adj.粗心的，疏忽的

carelessness ['kɛəlisnəs] n.粗心，疏忽

agree [ə'gri:] v.同意

agreeable [ə'griəbl] adj. 同意的，接受的，愉快的

agreement [ə'gri:mənt] n.同意

disagree [ˌdisə'gri:] vi.不同意

disagreeable [ˌdisə'griəbl] adj.不合意的，不愉快的

disagreement [disə'gri:mənt] n.意见不同

comfort ['kʌmfət] n.舒适；安慰 vt.安慰

comfortable ['kʌmfətəbl] adj.舒适的；舒服的

uncomfortable [ʌn'kʌmfətəbl] adj.不舒服的

supermarket ['su:pəmɑ:kit] n.超级市场

super–（前缀表"超级的"）+ market（市场）

unforgettable ['ʌnfə'getəbl] adj.忘不了的，令人难忘的

un–（前缀表"不"）+ forget忘记+ able（表形容词词性的后缀）

endanger [in'deindʒə] vt.危及，使危险

en–（前缀表"使、使成为"）+ danger（危险）

inland ['inlənd] n.内地

in–（前缀表"里"）+ land（陆地）

microscope ['maikrəskəup] n.显微镜

micro–（前缀表"小"）+ scope（范围）

mistake [mis'teik] n.错误，过失

mis–（前缀表"误"）+ take（拿，取）

enclose [in'kləuz] vt.放入封套，装入，围绕

en（前缀表"使"）+close（关闭）

nonstop ['nɔn'stɔp] adj.不断的

non（前缀表"否定"）+stop（停止）

对于有英语基础的高年级学生来说，词素记忆法是一种比较科学的记忆方法。

10. 综合法

有些单词前面所讲的几种方法仍无法解决，需要把这几种方法综合起来应用。如：

forest ['fɔrist] n. 森林

方法：fo（拼音）佛 + rest（英文）休息

联想：佛在森林里休息。

destroy [dis'trɔi] vt. 破坏

方法：de（拼音）德 + stroy（英文）故事

联想：德国人破坏了这个故事。

penguin ['peŋgwin] n.企鹅

方法：pen（英文）钢笔 + gui（拼音）跪 + n（形状像）门

联想：企鹅拿着钢笔跪在门前。

Monday ['mʌndei] n. 星期一

方法：Mon（谐音）忙 + day（英文）天

联想：最忙的一天是星期一。

chrysanthemum [kri'sæn θ əməm] n. 菊花

方法：h椅子 + cry（英文）哭 + san（拼音）三 + the（英文）这个 + mum（英文）妈妈

联想：坐在椅子上哭了三天的这个妈妈，她的菊花死了。

第九节　常用的二级编码

前面所讲的字母编码法中只介绍了单个的字母编码，然而在记单词的时候我们会发现很多单词里都会有字母的组合，这时候如果全部用单个的编码就会很麻烦，但又不能直接用拼音（它们都是声母），于是我们就引入了二级编码。

如：sz 深圳、mm 妹妹、nd 牛顿、dn 电脑、ng 南瓜、ny 奶油、jd 鸡蛋、br 病人等。

二级编码在英语单词记忆中较为广泛。

常用的二级编码

字母组合	编码	字母组合	编码
ab	阿爸、阿伯	bl	玻璃、61
ad	阿弟、AD钙奶	br	病人、白人
al	阿里（拳王）	bs	博士、别墅
ap	阿婆	bt	变态、冰糖
ar	爱人、矮人	by	附近、白杨
au	澳大利亚	cc	曹操、财产
ce	测、厕、策	ch	菜花、茶壶
ck	刺客、仓库	fe	飞蛾
cl	齿轮、窗帘	ff	方法
co	可乐	fl	俘房、肥料
cr	超人、成人	fo	佛
cu	醋、粗	fr	夫人、飞人
cy	草药、成员	ft	饭桶
dg	大哥、地瓜	fy	法院、翻译
dn	电脑	gh	干活、规划
dr	敌人、大人	gl	公路、挂历、91
dy	大姨、电影	gn	公牛、宫女
ee	眼睛	gr	工人、贵人
ef	恶妇	gy	公园、工业
ek	耳科、儿科	ho	海鸥、猴
el	恶狼	hr	红日、黑人

续表

字母组合	编码	字母组合	编码
em	恶魔	ht	核桃、海豚
en	恩人、摁	hy	海洋、怀疑
er	儿、耳	ic	IC卡
es	饿死、耳塞	iv	4（罗马数字）
et	儿童、外星人	je	饥饿
ew	俄文	ju	锯、举
ex	恶心、儿媳	ky	烤鸭
ey	鳄鱼	lb	喇叭
ld	领导、劳动	oo	望远镜、00
lf	拉芳、楼房	op	藕片
li	李	or	偶然、或者
lk	旅客、理科	ot	呕吐
ll	11、筷子	ou	藕
lm	老妈、浪漫	oy	欧阳
lo	10	pr	仆人、飘柔
lp	老婆、脸皮	pt	葡萄
lt	老头、联通	rd	瑞典、认得
ly	老鹰、旅游	rg	如果、人工
mb	面包、目标	rk	入口、认可
me	我	rl	日历
mn	蒙牛	rm	人民、容貌
mo	摸、模	rn	乳牛

续表

字母组合	编码	字母组合	编码
mp	名片、门票	rp	人品、肉片
mt	馒头、面条	rr	仍然
nc	男厕、南昌	rs	人参、认识
nd	牛顿、脑袋	rt	人体、日头
ng	南瓜、难过	ry	人妖、容易
nk	难看	sa	菩萨
nt	南通、牛头、牛腿	sc	四川
ny	奶油、农业	sh	石灰、上海、珊瑚
om	奥妙	sk	上课、思考
pe	胖鹅	sl	司令、森林
ph	电话、平衡、破坏	sm	生命、师妹
pl	漂亮、评论	sp	视频、食品
pp	屁屁、婆婆	st	石头、身体、舌头、沙滩
sw	上午、死亡	tw	台湾、贪污
sy	鲨鱼、生意、声音	ty	太阳、汤圆
th	太后、天河、桃花	wh	武汉、王后
tl	铁路、讨论	wn	舞女、蜗牛
tr	土壤、土人	xc	香肠、相册
tt	太太、天天		

在记忆单词的过程中，有时根据需要也可把字母组合直接转化成单词。如：

kn—knife小刀　　ph—phone电话　　br—brother哥哥

ca—card卡片　　ch—chair 椅子　　co—company公司

dr—doctor医生　　　　gl—glue胶水　　　　sw—software软件

sp—space空间　　　　ad—advertise 广告　　tr—tree树

qu—queen女王　　　　fr—franc法郎　　　　al—alarm警报

ki—kick,kill 踢,杀　　gr—grasp抓　　　　　cr—cry 哭

sl—slim苗条的　　　　st—street街道　　　　sw—sweets糖果

sm—small 小的

ab—above 在……上面　　　　ad—advertise 广告

al—alarm警报　　　　ag—age 年龄　　　　ar—arm 胳膊

be—beat 打败　　　　bl—black 黑色　　　　bo—boy 男孩

br—brother哥哥　　　　bu—but 但是　　　　ca—card卡片

cl—class班级　　　　co—company公司

ch—chair 椅子　　　　cr—cry哭　　　　　cu—cup杯子

dr—dream 梦想　　　　du—duck 鸭子

ea—eat 吃　　　　　　em—empty 空的

en—enjoy 欣赏　　　　ev—even 甚至

另外还有两个以上的字母组合，在单词中也时常遇到，我们把它转化为高级编码。如：

ter—天鹅肉　　　　　dry—当然有　　　　gym—公园门

ply—评论员　　　　　sty—晒太阳　　　　wly—五粮液

thy—桃花运　　　　　scr—四川人　　　　ble—玻璃鹅

com—互联网　　　　　tion—（谐音）神　　ive—夏威夷　　able—能

dic—德克士　　　　　list—清单　　　　　lish—历史　　lar—腊肉

有了二级编码和高级编码以后，记单词就容易多了，大部分单词都可以通过拆分、联想的方式来进行记忆。如：

water ['wɔ:tə] n.水

拆分：wa（拼音）蛙 + ter（拼音）天鹅肉

联想：青蛙吃了天鹅肉要喝水。

doubt [daut] v. 怀疑

拆分：dou（拼音）都 + bt（拼音）变态

联想：我怀疑他们都变态。

memory ['meməri] n.记忆

拆分：me（英文）我 + mo（拼音）摸 + ry（拼音）人妖

联想：我摸人妖，让我记忆很深刻。

advice [əd'vais] v. 建议

拆分：ad（拼音）阿弟 + vi（罗马数字）6 + ce（拼音）厕

联想：阿弟提建议说一天要上6次厕所。

cross [krɔ:s] v.横过

拆分：cr（拼音）超人 + o 呼啦圈 + ss（形状像）两个美女

联想：超人从呼啦圈中横过，两个美女惊呆了。

always ['ɔ:lweiz] adv.总是；一直

拆分：al（拼音）阿里 + way（英文）路 + s（形状像）美女

联想：阿里总是在路上调戏美女。

attention [ə'tenʃn] n.注意，专心，留心

拆分：at（英文）在 + ten（英文）十 + tion（谐音）神

联想：在10个神的监督下，他开始注意自己的形象。

dictionary ['dikʃənəri] n.字典

拆分：dic德克士 + tion（谐音）神 + a（英文）一个 + ry（拼音）人妖

联想：德克士里神像前面有一个人妖在查字典。

第十节　单词复习策略

不管用什么方法记忆，人的大脑总是会遗忘的，所以定期复习非常重要，可以按照前面所讲的"五一黄金复习法"（1小时、1天、1周、1个月、1个季度）进行复习。

同时，不要在一个单词上一次性花太多时间，而要在一个单词上多次花少量的时间，增加单词出现的频率。任何一个单词都要复习5次以上，达到脱口而出的程度。

英语单词五一黄金复习表

单词	意思	记忆时间及方法 1月1日 9：00	第一次复习 1月1日 10：00	第二次复习 1月2日 9：00	第三次复习 1月8日 9：00	第四次复习 2月1日 9：00	第五次复习 4月1日 9：00
woo	求爱	wo+o 我拿着戒指求爱	woo	woo	woo	woo	woo
play	玩	pl+ay 和漂亮阿姨一起玩	play	play	play	play	play
tasty	可口的	ta+sty 他边晒太阳边吃可口的饭菜	tasty	tasty	tasty	tasty	tasty
sour	酸的	s+our 美女说我们的菜是酸的	sour	sour	sour	sour	sour

续表

单词	意思	记忆时间及方法 1月1日 9：00	第一次复习 1月1日 10：00	第二次复习 1月2日 9：00	第三次复习 1月8日 9：00	第四次复习 2月1日 9：00	第五次复习 4月1日 9：00
work	工作	wo+rk 我在入口处工作	work	work	work	work	work
sky	天空	s+ky 美女把烤鸭扔到天空中	sky	sky	sky	sky	sky

可以把这种表格设计成卡片，一张一张地循环记忆。

注意事项：

（1）以七为基准，将单词根据自己的需要5~7个分为一组。

（2）按照淘金原理，将难度大的单词淘出来，进行多次学习。

（3）根据"四到"原理：口到、耳到、手到、脑到——边读边听边写边思考记忆。

第十一节　英语文章背诵

为什么要背诵英语文章呢？我们先来看一下背诵英语文章有哪些好处。

1.增强语感，提高口头表达能力

由于我们缺乏英语语言环境，练习口语的条件受到一定的限制，这就需要我们背诵一些英语材料。这个背诵过程能大大增强语感，对英语学习起到潜移默化的作用。会背诵的内容越多，口语就越流利。

2. 加深记忆

凡是经过背诵的东西常能牢记不忘，即使暂时遗忘，也能很快地回忆起来。

3. 有助于积累和输出

所背诵的材料中一般有许多优美的句子、段落和篇章。这些东西经背诵后便存进了大脑的"记忆仓库"，当你和别人用英语交流或用英语写文章时，就可以轻而易举地从记忆库中提取你所需要的东西。

许多人经过多年苦读，背了大量词汇，研究了许多语法，却不能有效地提高英语水平。他们阅读文章时不能迅速地理解，稍一动笔便错误连篇，在口语方面也是除了简单的问候外，不能准确地表达自己的思想，不能完整地叙述一件事情。

语言是有生命的，单词和词组只有在句子中才能显示其内涵、色彩和格调；语法只有在句子中才有存在的意义；句子结构只有在上下连贯的意义中才能显示出存在的理由、作用和功能。只有背熟了几十篇文章，学过的单词和句型才能活起来，在阅读的时候才能读了前一句就能够预感到下一句；在动口的时候，各种各样的表达才能很快地来到我们的嘴边而无须去搜肠刮肚。只有背熟了几十篇有生命的文章，我们才能把握语言的生命，做到活学活用。

一艘中国船只靠近一个欧洲国家的港口时，当地港口的领港员登上甲板。在与中国船长的交流当中，领港员发现这位中国船长的英语十分流利，于是问中国船长："能讲意大利语吗？"船长点头，于是领港员换用意大利语来同中国船长交流。他发现这位中国船长的意大利语一点也不比英语逊色时，又问中国船长："您能讲法语吗？"中国船长又点头。于是领港员又改用法语同中国船长交谈。过了一会儿，领航员又问中国船长："您会说德语吗？"中国船长依旧点头。领港员又改用德语同中国船长交谈。当领港员发现中国船长的四门外语一样漂亮流利的时候，他问中国船长："告诉我，您是怎样把外语学得那么棒的？"中国船长平静地回答道："我从来没有学过外语，我只是背诵它们。"

可见，背诵英语文章对学习英语有着非常大的帮助。那么，究竟应该如何快速地背诵英语文章呢？

要背诵英语文章，首先要攻克单词关，确保每个单词能读对，能够知道它的中文意思，并掌握基本的语法知识。

在我的学员当中，很多同学在我的指导下都可以做到6天内把一本英语课本倒背如流，相信你也一定能够做到。

背诵英语文章的步骤：听录音、扫除生词障碍；熟读、理解文章意思，增强语感；用定位法记住中文意思；根据中文意思回忆原文；对照原文修正；复习、巩固。

英语文章背诵方法

1. 人物定位法

Good morning.

Let's clean the classroom.

Good idea.

Let's clean the desks and chairs.

Let me clean the window.

Let me clean the board.

Look at the picture.

It's nice.

Good morning, Miss White.

Wow! It's nice and clean. Good Job!

这里有10个句子，可以用10个人物对应联想：爷爷、奶奶、爸爸、妈妈、哥哥、自己、唐僧、孙悟空、猪八戒、沙僧。

爷爷——Good morning.

奶奶——Let's clean the classroom.

爸爸——Good idea.

妈妈——Let's clean the desks and chairs.

哥哥——Let me clean the window.

自己——Let me clean the board.

唐僧——Look at the picture.

孙悟空——It's nice.

猪八戒——Good morning, Miss White.

沙僧——Wow! It's nice and clean. Good job!

每个人对应一句话，想象这句话就是这个人说的，可能爷爷不会说英语，但是可以想象他是用汉语说的，先记住汉语，再还原成英语。

把你所认识的人物，如老师、同学、亲戚、电视或书籍里看到的以及所认识的明星等按照一定的顺序进行排列，可以让他们来帮助你背诵小学英语课本上的人物对话，这种方法效果非常好。

2. 数字编码定位法

Choosing birthday presents

Daming's uncle likes reading and he reads lots of books and magazines. His favourite book is Harry Potter. He likes films and he often goes to the cinema.He doesn't like football.

Daming's mother likes candy. She never goes to the cinema, and she doesn't like table tennis or basketball. She likes clothes and she usually wears silk shirts.She never wears jeans or trainers.

Tony's sister likes music. She plays the piano and likes to sing. She often goes to concerts and she usually buys CDs by her favourite singers.

Lingling's father watches the football on television on Saturday and Sunday, but he never goes to a football match. His favourite team is Manchester United. He reads novels but he never goes to the cinema.

Betty's aunt and uncle live in the USA. Their favourite clothes are jeans and T-shirts. They usually wear trainers. They always listen to music and often go to concerts. They often watch TV. They don't go to the cinema.

首先把整篇文章分解成一个个句子。

01. 小树——Daming's uncle likes reading

02. 铃儿——and he reads lots of books and magazines.

03. 凳子——His favourite book is Harry Potter.

04. 轿车——He likes films and he often goes to the cinema.

05. 手套——He doesn't like football.

06. 手枪——Daming's mother likes candy.

07. 锄头——She never goes to the cinema,

08. 溜冰鞋——and she doesn't like table tennis or basketball.

09. 猫——She likes clothes

10. 棒球——and she usually wears silk shirts.

11. 筷子——She never wears jeans or trainers.

12. 椅儿——Tony's sister likes music.

13. 医生——She plays the piano and likes to sing.

14. 钥匙——She often goes to concerts

15. 鹦鹉——and she usually buys CDs by her favourite singers.

16. 石榴——Lingling's father watches the football on television

17. 仪器——on Saturday and Sunday，

18. 腰包——but he never goes to a football match.

19. 衣钩——His favourite team is Manchester United.

20. 香烟——He reads novels

21. 鳄鱼——but he never goes to the cinema.

22. 双胞胎——Betty's aunt and uncle live in the USA.

23. 和尚——Their favourite clothes are jeans and T-shirts.

24. 闹钟——They usually wear trainers.

25. 二胡——They always listen to music

26. 河流——and often go to concerts.

27. 耳机——They often watch TV.

28. 恶霸——They don't go to the cinema.

在理解每句话的意思的基础上，将数字编码和句子的意思进行联结，比如第一句可以想象成"大明的叔叔喜欢在小树下读书"。

也可以在每个句子里找一个或两个词语和数字编码进行对应联想，联想的方式和语文课文背诵一样，前面已经做过很多练习，这里就不再一一讲述。

3. 地点定位法

Read and write

My name is Jack. I am 10 years old.

I study in Willow School.

My favourite day is Monday.

We have P.E and computer class

and we have potatoes for lunch.

My favourite teacher is Mr Li.

He's our art teacher.

He is tall and strong.

He's very active.

Tell me about your school，please.

①电视　　②窗户　　③花瓶　　④栅栏　　⑤墙角

⑥饭桌　　⑦方框　　⑧小沙发　⑨长沙发　⑩茶几

接下来进行对应联想：

①电视——My name is Jack. I am 10 years old.

②窗户——I study in Willow School.

③花瓶——My favourite day is Monday.

④栅栏——We have P.E and computer class

⑤墙角——and we have potatoes for lunch.

⑥饭桌——My favourite teacher is Mr Li.

⑦方框——He's our art teacher.

⑧小沙发——He is tall and strong.

⑨长沙发——He's very active.

⑩茶几——Tell me about your school，please.

4. 图忆法

Read and write

Zip：What's your favourite fruit,Monkey?

Monkey：I like apples.They're sweet.

Rabbit：I like fruit.But I don't like grapes. They're sour.Bananas are my favourite.

They're tasty.

Zip：I like carrot juice.It's fresh and healthy. What about you,Zoom?

Zoom：I like beef,but I'm heavy now. I have to eat vegetables.

找出每一句的关键词：

Zip：**What's** your **favourite fruit**,Monkey?

Monkey：I like **apples**.They're **sweet**.

Rabbit：I like **fruit**.But **I don't** like **grapes**.

They're **sour**.**Bananas** are my favourite.

They're **tasty**.

Zip：I like **carrot juice**.It's **fresh and healthy**.

What about you,Zoom?

Zoom：I like **beef**,but I'm **heavy** now.

I have to eat **vegetables**.

先看插图7，对照原文，看看哪一个图片代表哪一句话，然后再根据插图8还

原原文，最后不看图，做到脑中有图，把整篇文章回忆出来，再来对照修正。

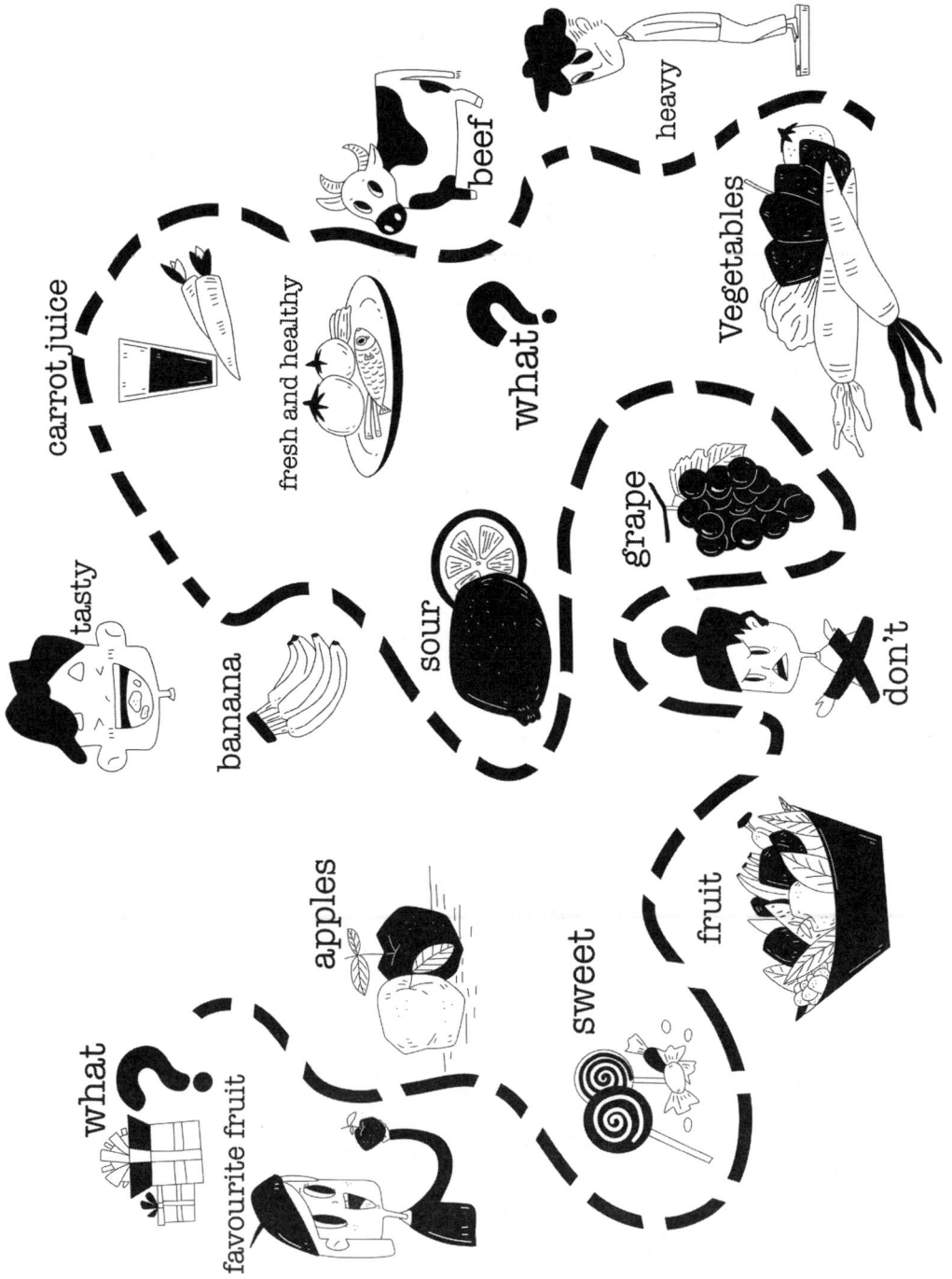

图7

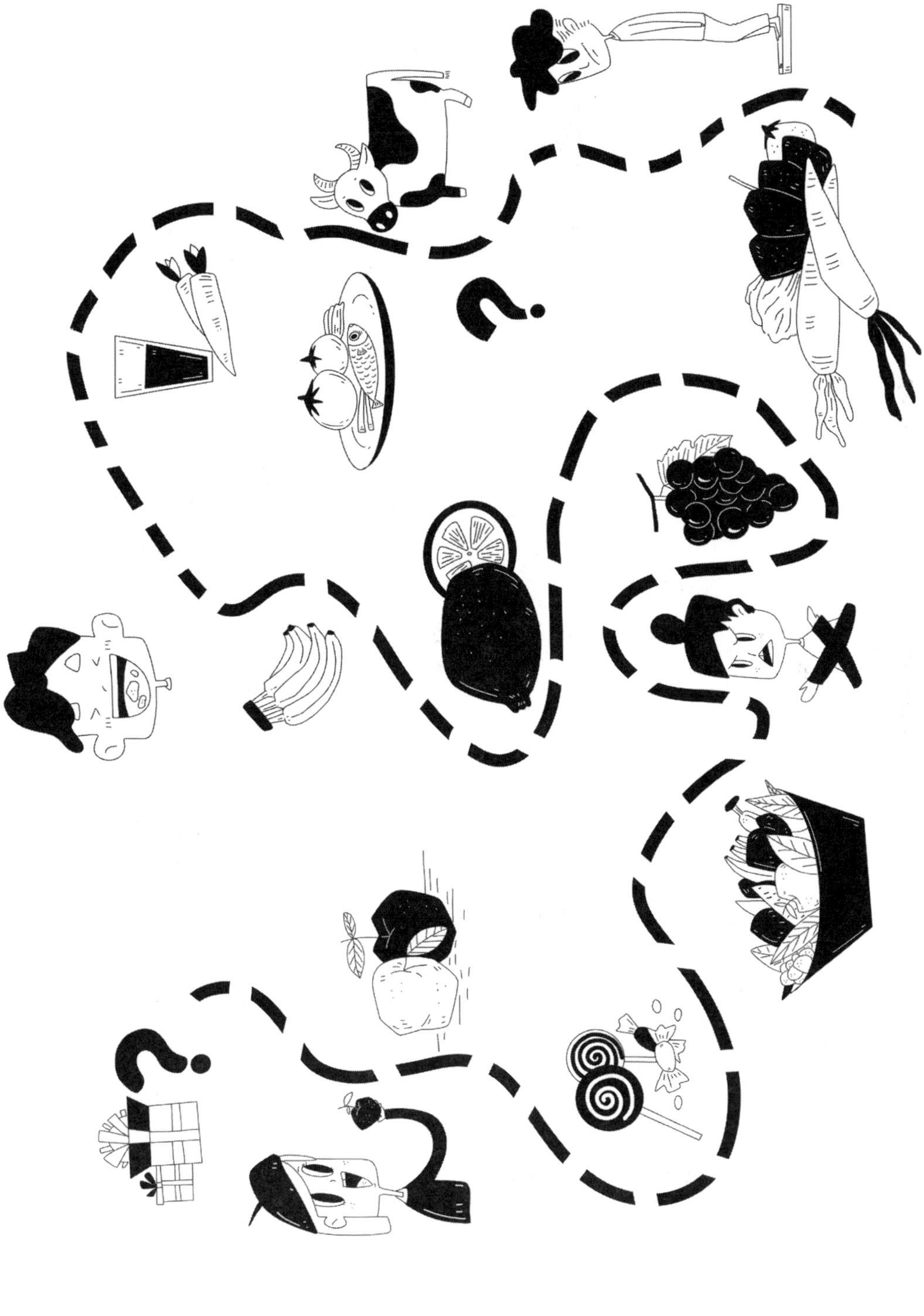

图 8

以下文章请参考插图9和10。

Daming：Linda,what's your classroom in England like？Is it big？

Linda：Yes,it's really big.

There are thirty students in my class.

How many students are there in your class in Beijing?

Daming：There are forty students,twenty girls and twenty boys.What's in your classroom？Is there a lot of furniture？

Linda：Yes,there is .

Daming：Are there computers on everyone's desk？

Linda：No,there aren't .But there is a computer on the teacher's desk.

Daming：Oh,are there any pictures on the classroom walls？

Linda：Yes,there are ,at the front of the classroom.

Daming：And is there a map of the world？

Linda：No，there isn't.There's a map of England？

Daming：There's a map of the world in our classroom ,but there aren't any pictures on our walls.

先找出关键词。

Daming：Linda,**what's** your **classroom** in England like？**Is it** big？

Linda：**Yes**，it's really big.

There are thirty **students** in my **class**.

How many students are there in your class in **Beijing**?

Daming：There are forty **students**,twenty **girls** and twenty **boys.What's** in your **classroom**？**Is there** a lot of **furniture**？

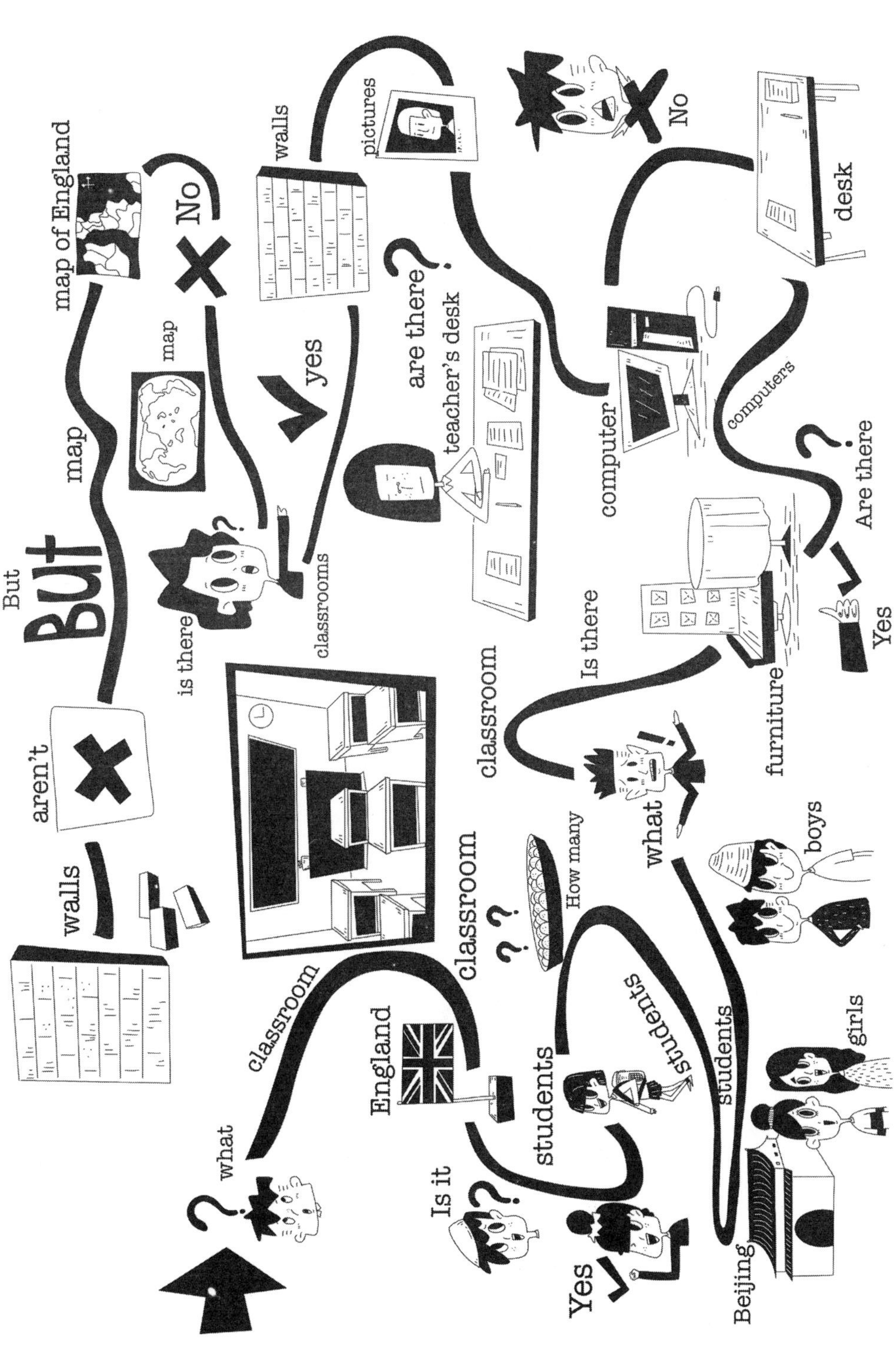
what
classroom
classroom
walls
aren't
But
BUT
map
map of England
map
No
yes
walls
pictures
are there
teacher's desk
is there
classrooms
Is it
Yes
England
students
students
How many
what
classroom
Is there
furniture
computer
computers
No
desk
Are there
Yes
boys
girls
students
Beijing

图 9

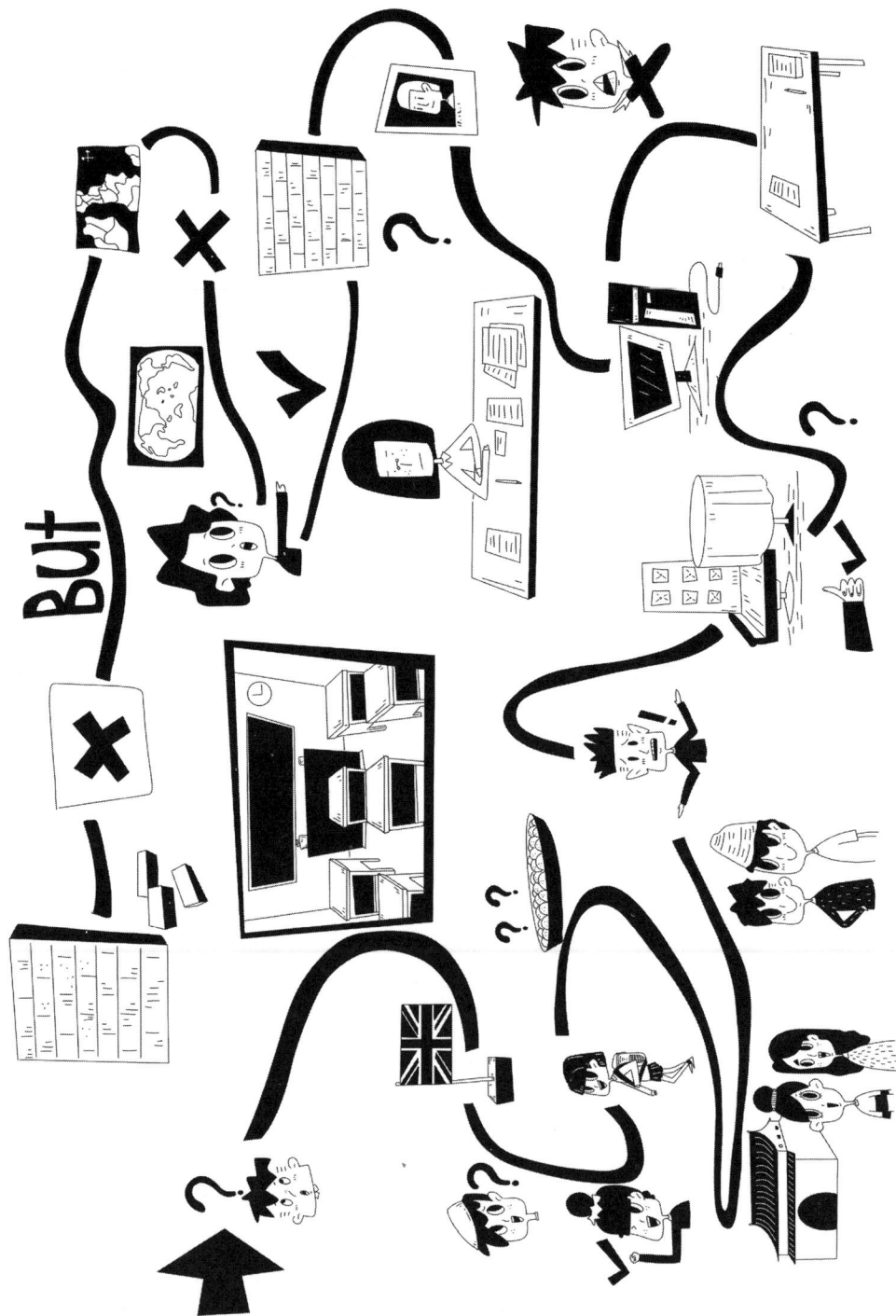

图10

Linda： **Yes**,there is .

Daming： **Are there computers** on everyone's **desk**?

Linda： **No**，there aren't .But there is a **computer** on the **teacher's desk.**

Daming： Oh，**are there** any **pictures** on the classroom **walls**?

Linda： **Yes**，there are ,at the front of the **classroom.**

Daming： And **is there** a **map** of the world?

Linda： **No**,there isn't.There's a **map** of **England**?

Daming：There's a **map** of the world in our classroom ,**but** there **aren't** any pictures on our **walls.**

背诵英语文章首先要注意以下几点。

1. 明确目的，集中精力

背诵一篇课文或者一段必须掌握的语句，先确定目标，在多长时间内完成，切忌东张西望，漫不经心，注意力分散。

2. 确定任务

背诵一篇短文，首先要熟读内容，理解意思，这样不仅不会记错和混淆，而且记住的数量也会越来越多。

3. 坚持复习，及时检查

英语文章的记忆不像语文文章那么牢固，在语文文章背诵的方法上再适当增加复习的次数，这样背诵的效果才会更佳。

4. 加强默写，强化训练

所谓"眼过千遍，不如手抄一遍"，采取默写手段，可有效地巩固已经背诵了的课文和知识，而且对加深记忆大有好处。因为文字本身就是一种图形和符号，经常默写可促进右脑的开发。如果能切实做到循序渐进，长期进行默写训练，一定会有助于背诵的质量和效果。

第十二节　小学英语单词记忆详解（上）

crayon ['kreiən] n.蜡笔

拆分：cr（拼音）超人；ay（拼音）阿姨；on（英文）在……上面

联想：超人把蜡笔放在阿姨的头上。

sharpener ['ʃɑːpənə] n.卷笔刀

拆分：sha（拼音）傻；r（拼音）人；pen（英文）钢笔；er（拼音）儿

联想：傻人用卷笔刀削钢笔给儿子。

face [feis] n.脸

拆分：fa（拼音）发；ce（拼音）厕

联想：发现厕所里有张脸。

mouth [mauθ] n.嘴

拆分：mo（拼音）魔；u（形状像）杯子；th（拼音）太后

联想：魔术师用嘴咬住杯子递给太后。

foot [fut] n.脚

拆分：fo（拼音）佛；ot（拼音）呕吐

联想：抱着佛脚呕吐。

black [blæk] adj.黑色的

拆分：b（拼音）爸；la（拼音）拉；ck（拼音）刺客

联想：爸爸拉着一个黑色的刺客。

orange ['ɔrindʒ] adj.橙色的

拆分：o（形状像）鸡蛋；ran（拼音）染；ge（拼音）哥

联想：把鸡蛋染成橙色送给哥哥。

pink [piŋk] adj.粉红色的

拆分：pi（拼音）皮；nk（拼音）难看

联想：粉红色的皮肤很难看。

brown [braun] adj.棕色的；褐色的

拆分：br（拼音）病人；o（形状像）球；wn（拼音）舞女

联想：病人把棕色的球送给了舞女。

white [wait] adj.白色的

拆分：wh（拼音）王后；i（英文）我；te（拼音）天鹅

联想：王后送给我一只白色的天鹅。

blue [blu:] adj.蓝色的

拆分：b（形状像）6；lu（拼音）路；e（拼音）鹅

联想：6路车上全是蓝色的鹅。

thank [θæŋk] vt.谢谢

拆分：t（拼音）他；han（拼音）含；k（拼音）客

联想：他含着泪对客人说："谢谢！"

panda [ˈpændə] n.熊猫

拆分：pan（拼音）盼；da（拼音）大

联想：熊猫盼望长大。

monkey [ˈmʌŋki] n.猴子

拆分：mo（拼音）摸；nk（拼音）难看；ey（拼音）鳄鱼

联想：猴子摸一只难看的鳄鱼。

duck [dʌk] n.鸭子

拆分：du（拼音）堵；ck（拼音）刺客

联想：一群鸭子堵住了刺客的路。

mouse [maus] n.老鼠

拆分：mo（拼音）魔；use（英文）使用

联想：魔术师用老鼠表演。

sure [ʃuə] adv.的确；一定

拆分：su（拼音）苏；re（拼音）热

联想：苏州的确很热。

like [laik] vt.喜欢

拆分：li（拼音）理；ke（拼音）科

联想：我喜欢理科。

bread [bred] n.面包

拆分：b（形状像）6；read（英文）读

联想：吃完面包6个人一起读书。

juice [dʒu:s] n. 果汁

拆分：ju（拼音）巨；ice（英文）冰

联想：巨大的冰块，加到果汁里。

milk [milk] n.牛奶

拆分：mi（拼音）秘；lk（拼音）旅客

联想：秘书给旅客送牛奶。

water ['wɔ:tə]n. 水

拆分：wa（拼音）蛙；ter（拼音）天鹅肉

联想：青蛙吃完天鹅肉要喝水。

balloon [bə'lu:n] n.气球

拆分：ba（拼音）爸；lloo（形状像）1100；n（形状像）门

联想：爸爸挂了1100个气球在门上。

plane [pleɪn] n.飞机

拆分：p（拼音）婆；lan（拼音）拦；e（拼音）鹅

联想：婆婆拦住鹅，不让它上飞机。

friend [frend] n.朋友

拆分：fr（拼音）夫人；i（英文）我；end（英文）结束

联想：夫人和我结束了朋友关系。

teacher ['tiːtʃə] n.教师

拆分：tea（英文）茶；che（拼音）车；r（形状像）花

联想：教师边喝茶边坐在车上赏花。

student ['stjuːdənt] n.学生

拆分：s（形状像）美女；tu（拼音）秃；de（拼音）德；nt（拼音）农田

联想：美女和秃子一起去德国的农田找学生。

nice [naɪs] adj.好的；愉快的

拆分：ni（拼音）你；ce（拼音）厕

联想：你上完厕所就会感觉很愉快。

again [ə'geɪn] adv.又；再

拆分：a（英文）一；gai（拼音）丐；n（形状像）门

联想：又一个乞丐来敲门。

Miss [mis] n.小姐

拆分：Mi（拼音）米；ss（形状像）两条蛇

联想：小姐拿米喂两条蛇。

father ['fɑːðə] n.父亲；爸爸

拆分：fa（拼音）罚；th（拼音）太后；er（拼音）儿

联想：爸爸罚太后的儿子。

mother ['mʌðə] n.母亲；妈妈

拆分：mo（拼音）摸；th（拼音）太后；er（拼音）儿

联想：妈妈用手摸着太后的儿子。

sister ['sistə] n. 姐妹

拆分：si（拼音）四；st（拼音）石头；er（拼音）儿

联想：姐妹们用四块石头打儿子。

brother ['brʌðə] n. 兄弟

拆分：br（拼音）病人；ot（拼音）呕吐；her（英文）她的

联想：病人呕吐在她的兄弟身上。

great [greit] adv.太好了

拆分：gr（拼音）工人；eat（英文）吃

联想：工人吃得太好了。

family ['fæmili] n. 家庭

拆分：fa（拼音）发；mi（拼音）米；ly（拼音）鲤鱼

联想：每个家庭都发米和鲤鱼。

goose [guːs] n. 鹅

拆分：goo（形状像）900；se（拼音）色

联想：这只鹅有900种颜色。

funny ['fʌni] adj.滑稽可笑的

拆分：fu（拼音）父；nn（拼音）奶奶；y（形状像）弹弓

联想：父亲说奶奶玩弹弓的样子是滑稽可笑的。

kangaroo [ˌkæŋgəˈruː] n. 袋鼠

拆分：kang（拼音）扛；a（英文）一；roo（英文room）房间

联想：扛一只袋鼠进房间，发现房间没门（m）。

right [rait] adj.对的；正确的

拆分：ri（拼音）日；ght（拼音）桂花糖

联想：去日本买桂花糖是正确的。

lion ['laiən] n. 狮子

拆分：li（拼音）李；on（英文）在……上面

联想：李老师坐在狮子头上。

lock [lɔk] n. 锁

拆分：lo（形状像）10；ck（拼音）刺客

联想：用10把锁来锁刺客。

night [nait] n. 晚上

拆分：ni（拼音）你；ght（拼音）桂花糖

联想：晚上你可以吃桂花糖。

pear [pɛə] n. 梨

拆分：p（拼音）婆；ear（英文）耳朵

联想：婆婆的耳朵上挂着一个梨。

banana [bə'nɑːnə] n. 香蕉

拆分：ba（拼音）爸；nana（拼音）娜娜

联想：爸爸把香蕉给娜娜吃。

hungry ['hʌngri] adj. 饥饿的

拆分：hu（拼音）胡；ng（拼音）南瓜；ry（拼音）人妖

联想：胡先生把南瓜送给饥饿的人妖。

queen [kwiːn] n. 女王；王后

拆分：que（拼音）缺；en（拼音）恩

联想：王后真缺德，不报答恩人。

fruit [fruːt] n. 水果

拆分：fr（拼音）夫人；uit（谐音）又挨踢

联想：夫人偷吃水果又挨踢。

more [mɔː] pron. 更多的，更；更多

拆分：mo（拼音）蘑；re（拼音）热

联想：蘑菇热了以后就会变得更大更多。

snake [sneik] n. 蛇

拆分：s（形状像）美女；na（拼音）拿；ke（拼音）客

联想：美女拿蛇吓跑了客人。

tiger ['taigə] n. 老虎

拆分：ti（拼音）踢；g（形状像）9；er（拼音）儿

联想：老虎踢死了9个儿子。

bike [baik] n. 自行车

拆分：bi（拼音）逼；ke（拼音）客

联想：逼客人买自行车。

desk [desk] n. 课桌

拆分：de（拼音）德；sk（拼音）上课

联想：德国人上课坐在课桌上。

small [smɔːl] adj. 小的

拆分：s（形状像）美女；mall（英文）购物商场

联想：美女在一个小的购物商场购物。

tall [tɔːl] adj. 高的

拆分：ta（拼音）他；ll（形状像）11

联想：他11岁的时候就很高。

deer [diə] n. 鹿

拆分：de（拼音）德；er（拼音）儿

联想：这个德国人的儿子喜欢鹿。

children ['tʃildrən] n. 儿童

拆分：chi（拼音）吃；ld（拼音）劳动；ren（拼音）人

联想：光吃不劳动的人是儿童。

light [lait] n. 灯；管灯

拆分：li（拼音）李；ght（拼音）规划图

联想：李老师在灯下看规划图。

many ['meni] adj.许多的

拆分：man（英文）男人；y（形状像）衣撑

联想：男人的衣撑上有许多的衣服。

seat [siːt] n.座位

拆分：s（形状像）美女；eat（英文）吃

联想：美女在座位上吃东西。

computer [kəm'pjuːtə] n.计算机

拆分：com（英文）网址；pu（拼音）葡；ter（拼音）天鹅肉

联想：利用计算机可以上网买到葡萄和天鹅肉。

wall [wɔːl] n.墙

拆分：wa（拼音）蛙；ll（形状像）筷子

联想：青蛙把筷子插在墙上。

book [buk] n.书

拆分：boo（形状像）600；k（拼音）克

联想：这本书有600克。

thin [θin] adj.&adj.&adv.&n.瘦的

拆分：th（拼音）太后；in（英文）在……里面

联想：太后在皇宫里面变得很瘦。

strong [strɔŋ] adj.健壮的

拆分：st（拼音）石头；rong（拼音）容

联想：健壮的人打烂一块石头是很容易的。

study ['stʌdi] n.书房

拆分：s（形状像）美女；tu（拼音）秃；dy（拼音）打印

联想：美女和秃子在书房里打印。

bath [bɑ:θ] v.洗澡

拆分：ba（拼音）爸；th（拼音）天河

联想：爸爸在天河里洗澡。

kitchen ['kitʃin] n.厨房

拆分：k（形状像）枪；it（英文）它；chen（拼音）陈

联想：拿着枪让它带陈先生去厨房。

shelf [ʃelf] n.架子

拆分：she（英文）她；lf（拼音）雷锋

联想：她让雷锋帮她做架子。

fridge [fridʒ] n.冰箱

拆分：fr（拼音）夫人；i（英文）我；dge（拼音）大哥

联想：夫人让我给大哥买个冰箱。

table ['teibl] n.桌子

拆分：ta（拼音）他；ble（拼音）玻璃鹅

联想：他把玻璃鹅放在桌子上。

they [ðei] pron.他们

拆分：th（拼音）太后；ey（拼音）鳄鱼

联想：太后骑着鳄鱼去找他们。

chair [tʃɛə] n.椅子

拆分：chai（拼音）差；r（形状像）花

联想：钦差大臣手捧鲜花坐在椅子上。

rice [rais] n.米饭

拆分：ri（拼音）日；ce（拼音）厕

联想：日本人在厕所里吃米饭。

vegetable [ˈvedʒitəbl] n.蔬菜

拆分：v（罗马数字）五；e（拼音）鹅；ge（拼音）哥；table（英文）桌子

联想：五只鹅在吃哥哥桌子上的蔬菜。

soup [suːp] n.汤

拆分：so（英文）这样；up（英文）向上

联想：喝汤时要这样把碗口向上。

dinner [ˈdinə] n.晚餐；正餐

拆分：di（拼音）弟；nn（拼音）奶奶；er（拼音）儿

联想：弟弟让奶奶跟儿子一起吃晚餐。

plate [pleit] n.盘子

拆分：p（拼音）婆；late（英文）迟到

联想：婆婆迟到了，所以洗盘子。

help [help] vt.帮助；帮忙

拆分：he（英文）他；lp（拼音）老婆

联想：他经常帮助老婆洗衣服。

driver ['draivə] n.司机

拆分：dr（拼音）敌人；iv（罗马数字）四；er（拼音）儿

联想：司机抓住了敌人的四个儿子。

ground [graund] n. 地面

拆分：g（形状像）9；rou（拼音）肉；nd（拼音）牛顿

联想：地面上有9块肉被牛顿吃了。

lunch [lʌntʃ] n.午餐

拆分：lun（拼音）轮；ch（拼音）吃

联想：轮流吃午餐。

time [taim] n.时间

拆分：ti（拼音）踢；me（英文）我

联想：到时间就踢我一下。

music ['mju:zik] n.音乐

拆分：mu（拼音）母；si（拼音）四；c（形象）月亮

联想：母亲四点钟在月亮下学音乐。

sweater ['swetə] n.毛衣

拆分：s（形状像）美女；weater（形似weather）天气

联想：美女说这个天气该穿毛衣了。

neighbour ['neibə] n.邻居

拆分：nei（拼音）那；ghb（拼音）钢化杯；our（英文）我们的

联想：那个拿钢化杯的是我们的邻居。

第十三节　小学英语单词记忆详解（下）

warm [wɔːm] adj. 暖和的；温暖的

拆分：war（英文）战争；m（拼音）妈

联想：在战争年代，能见到妈妈就感到很温暖。

cold [kəuld] adj. 寒冷的

拆分：c（形状像）月亮；old（英文）年老的

联想：月亮上年老的人会感到很冷。

weather ['weðə] n. 天气

拆分：we（英文）我们；at（英文）在；her（英文）她的

联想：我们在她的电视机前看天气预报。

play [plei] v. 玩；踢

拆分：pl（拼音）漂亮；ay（拼音）阿姨

联想：漂亮的阿姨带我们去玩。

matter ['mætə] n. 事件；麻烦

拆分：ma（拼音）马；tt（拼音）太太；er（拼音）儿

联想：马太太的儿子遇到了麻烦事。

cheap [tʃiːp] adj. 便宜的

拆分：che（拼音）车；ap（拼音）阿婆

联想：这辆便宜的车送给阿婆。

hundred ['hʌndrəd] num. 百

拆分：hu（拼音）胡；nd（拼音）牛顿；red（英文）红色的

联想：胡先生送给牛顿一张红色的百元钞票。

long [lɔŋ] adj.长的

拆分：long（拼音）龙

联想：龙是长的。

size [saiz] n.尺码

拆分：size（拼音）四折

联想：这件衣服尺码不对，就打四折。

tomato [təˈmɑːtəu] n.西红柿

拆分：to（谐音）兔；ma（拼音）妈；to（谐音）兔

联想：妈妈带着两只兔子去买西红柿。

cucumber [ˈkjuːkʌmbə] n.黄瓜

拆分：cucu（拼音）粗粗；mb（拼音）面包；er（拼音）儿

联想：粗粗的黄瓜放在面包里给儿子。

onion [ˈʌnjən] n.洋葱

拆分：on（英文）在……上面；i（英文）我；on（英文）在……上面

联想：我站在两个洋葱上面。

carrot [ˈkærət] n.胡萝卜

拆分：car（英文）汽车；r（拼音）人；ot（拼音）呕吐

联想：汽车上的人看见胡萝卜就呕吐。

young [jʌŋ] adj.年轻的

拆分：you（英文）你；ng（拼音）南瓜

联想：年轻的时候你喜欢南瓜。

smart [smɑːt] adj.聪明的；巧妙的

拆分：sm（拼音）生命；art（英文）艺术

联想：聪明的人懂得生命的艺术。

Monday ['mʌndei] n. 星期一

拆分：Mon（谐音）忙；day（英文）天

联想：最忙的一天是星期一。

Tuesday ['tju:zdei] n. 星期二

拆分：Tu（拼音）兔；es（拼音）饿死；day（英文）天

联想：兔子饿死的那一天是星期二。

Wednesday ['wenzdei] n. 星期三

拆分：We（英文）我们；dn（拼音）电脑；es（拼音）饿死；day（英文）天

联想：我们玩电脑玩到饿死的那一天是星期三。

Thursday ['θə:zdei] n. 星期四

拆分：Th（拼音）太后；u 水桶；rs（拼音）人参；day（英文）天

联想：太后提着水桶去挖人参的那一天是星期四。

Friday ['fraidei] n. 星期五

拆分：Fr（拼音）夫人；i（英文）我；day（英文）天

联想：夫人和我约会的那一天是星期五。

Saturday ['sætədei] n. 星期六

拆分：Sa（拼音）撒；tu（拼音）兔；r（拼音）肉；day（英文）天

联想：女儿撒娇要吃兔肉的那一天是星期六。

Sunday ['sʌndei] n. 星期日

拆分：Sun（英文）太阳；day（英文）天

联想：阳光明媚的那一天是星期日。

wait [weit] v.等等；等待

拆分：wai（拼音）外；t（形状像）雨伞

联想：去外面的雨伞下等。

pork [pɔːk] n. 猪肉

拆分：po（拼音）婆；rk（拼音）入口

联想：婆婆在市场入口处买猪肉。

menu ['menjuː] n.菜单

拆分：me（英文）我；nu（拼音）努

联想：我努力地背菜单。

tasty ['teisti] adj.好吃的；可口的

拆分：ta（拼音）他；sty（拼音）晒太阳

联想：他边晒太阳边吃可口的饭菜。

sour ['sauə] adj.酸的

拆分：s（形状像）美女；our（英文）我们的

联想：美女说我们的菜是酸的。

salty ['sɔːlti] adj. 咸的

拆分：sa（拼音）萨；lty（拼音）老天爷

联想：菩萨给老天爷送咸菜。

flat [flæt] n.公寓

拆分：fl（拼音）俘虏；at（英文）在

联想：俘虏是在公寓里被抓的。

behind [biˈhaind] prep.在……后边

拆分：be（拼音）白鹅；hi（英文）嗨；nd（拼音）牛顿

联想：白鹅说，嗨，我在牛顿的后边。

work [wəːk] n.&v.工作

拆分：wo（拼音）我；rk（拼音）入口

联想：我在入口处工作。

river ['rivə] n.河流

拆分：ri（拼音）日；v（罗马数字）5；er（拼音）儿

联想：日本人的5个儿子都掉进了河里。

lake [leik] n.湖

拆分：lake（拼音）拉客

联想：去湖边拉客。

forest ['fɔrist] n.森林

拆分：fo（拼音）佛；rest（英文）休息

联想：佛在森林里休息。

path [pɑ:θ] n.路；小道

拆分：pa（拼音）怕；th（拼音）太后

联想：走小道是因为怕太后。

village ['vilidʒ] n.乡村；村庄

拆分：vi（罗马数字）六；ll（形状像）筷子；age（英文）年龄

联想：在这个村庄，孩子到了六岁是开始用筷子的年龄。

bridge [bridʒ] n.桥

拆分：b（形状像）6；ri（拼音）日；dge（拼音）大哥

联想：6个日本人不让大哥过桥。

policeman [pə'li:smən] n.（男）警察

拆分：poli（拼音）破例；ce（拼音）厕；man（英文）男人

联想：破例上女厕所的男人是男警察。

evening ['i:vniŋ] n.夜晚；晚上

拆分：eve（形状像）猫头鹰的脸；ning（拼音）宁

联想：猫头鹰通常在宁静的夜晚才出来。

spring [spriŋ] n.春天

拆分：sp（拼音）四婆；ri（拼音）日；ng（拼音）南瓜

联想：春天，四婆每日种南瓜。

summer ['sʌmə] n.夏天

拆分：su（拼音）苏；mm（拼音）妹妹；er（拼音）儿

联想：夏天，苏妹妹带着儿子去游泳。

fall [fɔ:l] n.秋天

拆分：f（拼音）斧；all（英文）全部

联想：秋天，用斧头把树全部砍掉。

winter ['wintə] n.冬天

拆分：win（英文）赢；ter（拼音）天鹅肉

联想：冬天赢天鹅肉吃。

season ['si:zn] n.季；季节

拆分：sea（英文）海；son（英文）儿子

联想：现在是到海边教儿子游泳的好季节。

which [witʃ] pron.哪一个

拆分：wh（拼音）王后；i（英文）我；ch（拼音）茶壶

联想：王后问我哪一个茶壶是她的。

always ['ɔ:lweiz] adv.总是

拆分：al（拼音）阿里；way（英文）路；s（形状像）美女

联想：阿里总是在路上调戏美女。

snow [snəu] n.雪

拆分：s（形状像）美女；now（英文）现在

联想：美女说现在在下雪。

skate [skeit] n.滑冰；滑冰鞋

拆分：sk（拼音）上课；ate（英文）吃

联想：上课时吃完东西去滑冰。

send [send] vt.寄；发送

拆分：se（拼音）色；nd（拼音）牛顿

联想：色狼给牛顿发送信息。

talk [tɔːk] n.讲话

拆分：ta（拼音）他；lk（拼音）旅客

联想：他在跟旅客讲话。

jump [dʒʌmp] vi. 跳

拆分：ju（拼音）举；mp（拼音）名片

联想：他举着名片跳起来介绍自己。

walk [wɔːk] vi.走

拆分：wa（拼音）蛙；lk（拼音）旅客

联想：青蛙跟着旅客走了。

fight [fait] vi. vt. 打仗

拆分：f（拼音）夫；i（英文）我；ght（拼音）桂花糖

联想：夫人和我因为桂花糖而打架。

honey ['hʌni] n.蜂蜜

拆分：h（形象）椅子；on（英文）在……上面；ey（拼音）鳄鱼

联想：椅子上面的鳄鱼在喝蜂蜜。

thing [θiŋ] n.东西；物

拆分：th（拼音）太后；i（形状像）蜡烛；ng（拼音）南瓜

联想：太后拿着蜡烛去南瓜地里找东西。

bike [baik] n.自行车

拆分：bi（拼音）逼；ke（拼音）客

联想：逼客人买自行车。

train [trein] n.火车

拆分：t（形状像）伞；rain（英文）雨

联想：拿着伞在雨中等火车。

ship [ʃip] n.船；舰

拆分：shi（拼音）十；p 皮鞋

联想：船上有十双皮鞋。

subway [ˈsʌbwei] n.地铁

拆分：su（拼音）苏；b（形状像）6；way（英文）路

联想：苏州有 6 条路通地铁。

difference [ˈdifərəns] n.不同；区别

拆分：di（拼音）弟；ff（拼音）方法；e（拼音）鹅；
　　　ren（拼音）认；ce（拼音）厕

联想：弟弟有方法教鹅认出男女厕所的区别。

same [seim] adj.相同的

拆分：sa（拼音）萨；me（英文）我

联想：菩萨和我的想法是相同的。

mean [miːn] vt.意思是

拆分：me（英文）我；an（拼音）安

联想：我安全，意思是我没有危险。

drive [draiv] v.驾驶

拆分：dr（拼音）敌人；iv（罗马数字）四；e（拼音）鹅

联想：敌人在教四只鹅驾驶。

Australia [ɔs'treiljə] n.澳大利亚

拆分：Au（谐音）哎哟；str（拼音）石头人；a（英文）一；lia（拼音）俩

联想：哎哟！澳大利亚的石头人一个会变俩。

bank [bæŋk] n.银行

拆分：ban（拼音）搬；k（形状像）枪

联想：搬着枪去抢银行。

straight [streit] adv.成直线地

拆分：str（拼音）石头人；aight（形似eight）八

联想：石头人八个一排，成直线排列。

party ['pɑ:ti] n.聚会；晚会

拆分：part（英文）部分；y（形状像）弹弓

联想：部分人带着弹弓去参加晚会。

start [stɑ:t] v.开始

拆分：star（英文）明星；t（形状像）雨伞

联想：明星开始卖雨伞。

take [teik] v.乘坐

拆分：ta（拼音）他；ke（拼音）客

联想：他让客人乘坐汽车。

busy ['bizi] adj.忙碌的

拆分：bu（拼音）不；sy（拼音）生意

联想：不下雨的时候生意很忙碌。

dictionary ['dikʃənəri] n. 词典；字典

拆分：dic（谐音）德克士；tion（谐音）神；

a（英文）一；ry（拼音）人妖

联想：德克士里的神像面前有个人妖在查字典。

plant [plɑːnt] n.&vi.&vt.植物

拆分：pl（拼音）漂亮；ant（英文）蚂蚁

联想：漂亮的蚂蚁爬到植物上。

dive [daiv] vi.（ing形式：diving）跳水

拆分：d（拼音）弟；ive（谐音）夏威夷

联想：弟弟去夏威夷跳水。

show [ʃəu] n.展览

拆分：s（形状像）美女；how（英文）如何

联想：看美女是如何展览的。

teach [tiːtʃ] v.（第三人称单数形式：teaches）教

拆分：tea（英文）茶；ch（拼音）茶壶

联想：他把茶放进茶壶里，教别人如何泡茶。

design [diˈzain] v.设计

拆分：de（拼音）德；sign（英文）标志

联想：德国人设计了这个标志。

money [ˈmʌni] n.钱；金钱

拆分：mo（拼音）魔；n（形状像）门；ey（拼音）鳄鱼

联想：魔鬼在门口用钱砸鳄鱼。

police [pəˈliːs] n.警方；警察部门

拆分：poli（拼音）破例；ce（拼音）测

联想：破例进行测试的人是警察。

think [θiŋk] v.想；思考

拆分：thin（英文）瘦的；k（形状像）枪

联想：瘦的人在思考如何有一把枪。

should [ʃud] aux.应该

拆分：shou（拼音）手；ld（拼音）劳动

联想：有手就应该劳动。

month [mʌnθ] n.月份；月

拆分：mo（拼音）模；nth（拼音）南通话

联想：模特一个月学会了南通话。

still [stil] adv.仍然；依旧；还是

拆分：st（拼音）身体；ill（英文）有病的

联想：他身体有病，仍然坚持上班。

squid [skwid] n.鱿鱼

拆分：s（形象）美女；qu（拼音）取；id（英文）身份证

联想：美女取出身份证换鱿鱼。

lobster [ˈlɔbstə] n.龙虾

拆分：lo（形状像）10；bs（拼音）博士；ter（拼音）天鹅肉

联想：10个博士用天鹅肉喂龙虾。

shark [ʃɑːk] n.鲨鱼

拆分：sha（拼音）傻；rk（拼音）入口

联想：傻瓜在入口处看鲨鱼。

hurt [həːt] n.伤痛

拆分：hu（拼音）胡；rt（拼音）软糖

联想：胡先生吃了软糖就忘了伤痛。

sick [sik] adj.不舒服的；有病的

拆分：si（拼音）四；ck（拼音）刺客

联想：四个刺客都是有病的。

might [mait] aux.可以；能

拆分：mi（拼音）蜜；ght（拼音）桂花糖

联想：蜂蜜可以做成桂花糖。

worry ['wʌri] n.烦恼；忧虑

拆分：wo（拼音）我；r（拼音）惹；ry（拼音）人妖

联想：我惹恼了人妖，感到很忧虑。

drink [drɪŋk] n.饮料

拆分：dr（拼音）敌人；ink（英文）墨水

联想：敌人把墨水当饮料。

stay [stei] n.在；逗留

拆分：st（拼音）沙滩；ay（拼音）阿姨

联想：沙滩上有个阿姨在那里逗留。

better ['betə] adj.更好的

拆分：bet（拼音）打赌；ter（拼音）天鹅肉

联想：打赌赢到了更好的天鹅肉。

tired ['taiəd] adj.疲劳的；累的

拆分：ti（拼音）蹄；red（英文）红色的

联想：蹄子变成了红色的，因为太疲劳了。

angry ['æŋgri] adj. 生气的；愤怒的

拆分：ang（拼音）肮；ry（拼音）人妖

联想：肮脏的人妖生气了。

bored [bɔːd] adj.无聊的

拆分：bo（拼音）脖；red（英文）红色的

联想：无聊的人把脖子染成红色的。

hear [hiə] v.听见，听到，听说

拆分：h（形状像）椅子；ear（英语）耳

联想：听说椅子长耳朵了。

bounce [bauns] v.反弹

拆分：b（形状像）6；ou（拼音）鸥；n（拼音）男；ce（拼音）厕

联想：6只海鸥撞到男厕所，被反弹了回来。

guess [ges] vt.猜测

拆分：gu（拼音）估；e（拼音）鹅；ss（形状像）两条蛇

联想：估计是鹅吃了两条蛇，这只是一种猜测。

sing [siŋ] v.唱歌

拆分：si（拼音）四；ng（拼音）南瓜

联想：带着四个南瓜去唱歌。

dance [ˈdɑːns] n.跳舞

拆分：dan（拼音）蛋；ce（拼音）厕

联想：边吃鸡蛋边在厕所跳舞。

miss [mis] vt.想念

拆分：mi（拼音）秘；ss（形状像）两个美女

联想：秘书很想念那两个美女。

第十四节　初中英语单词记忆详解（上）

after [ˈɑ:ftə] prep. 在……之后，在……

拆分：aft（拼音）阿凡提；er（拼音）儿

联想：阿凡提生了儿子之后才结婚。

jacket [ˈdʒækit] n. 夹克衫；短上衣

拆分：jack（人名）杰克；et（拼音）儿童

联想：杰克给儿童买夹克衫。

quilt [kwilt] n. 被子；床罩

拆分：qu（拼音）去；i（英文）我；lt（拼音）老头

联想：去把我的被子拿给老头。

spell [spel] v. 拼写

拆分：sp（拼音）视频；e（拼音）鹅；ll（形状像）筷子

联想：视频上的鹅用筷子拼写单词。

eraser [iˈreizə] n. 橡皮

拆分：er（拼音）儿；as（英文）像……一样；er（拼音）儿

联想：两个儿子的橡皮是一样的。

excuse [ikˈskju:z] v. 原谅；宽恕

拆分：ex（拼音）儿媳；cu（拼音）醋；se（拼音）色

联想：儿媳的醋变色了，请求我们原谅。

ring [riŋ] n. 戒指

拆分：ri（拼音）日；ng（拼音）南瓜

联想：日本人用南瓜换戒指。

table ['teibl] n.桌子

拆分：ta（拼音）他；ble（拼音）玻璃鹅

联想：他把玻璃鹅放在桌子上。

under ['ʌndə] prep.在……下面

拆分：u（形状像）水桶；nd（拼音）牛顿；er（拼音）儿

联想：水桶被牛顿的儿子放在了桌子下面。

tidy ['taidi] adj. 整洁的

拆分：ti（拼音）替；dy（拼音）大爷

联想：替大爷把房间收拾得很整洁。

tennis ['tenis] n. 网球

拆分：ten（英文）十；ni（拼音）你；s（形状像）美女

联想：十点钟你和美女去打网球。

ball [bɔːl] n.球

拆分：ba（拼音）爸；ll（形状像）11

联想：爸爸买了11个球。

question ['kwestʃən] n. 问题

拆分：qu（拼音）去；es（拼音）饿死；tion（谐音）神

联想：去解决这个饿死神的问题。

price [prais] n. 价格

拆分：pr（拼音）仆人；ice（英文）冰

联想：仆人在询问冰的价格。

subject ['sʌbdʒekt] n.学科

拆分：su（拼音）苏；bject（拼音）北京鹅餐厅

联想：苏教授在北京鹅餐厅研究一门新学科。

history ['histəri] n. 历史

拆分：hi（英文）嗨；story（英文）故事

联想：嗨！历史就是故事。

post [pəust] n. 邮件　v. 邮寄

拆分：po（拼音）婆；st（拼音）石头

联想：婆婆把石头当成邮件邮寄出去。

restaurant ['restərɔnt] n.饭店；餐馆

拆分：rest（英文）休息；aur（形似our）我们的；ant（英文）蚂蚁

联想：休息的时候发现我们的餐馆里有很多蚂蚁。

street [stri:t] n. 街道

拆分：s（形状像）美女；tree（英文）树；t（形状像）伞

联想：美女在街边的树下打伞。

house [haus] n.房子；住宅

拆分：hou（拼音）猴；se（拼音）色

联想：猴子给房子涂颜色。

district ['distrikt] n.区域

拆分：di（拼音）弟；strict（英文）严格的

联想：弟弟对这个区域的人很严格。

dolphin ['dɔlfin] n.海豚

拆分：do（英文）做；lph（拼音）脸皮厚；in（英文）在……里

联想：做一个脸皮厚的海豚放在家里。

penguin ['peŋgwin] n.企鹅

拆分：pen（英文）钢笔；gu（拼音）姑；in（英文）在……里

联想：钢笔被姑妈塞进了企鹅的肚子里。

Africa [ˈæfrikə] n.非洲

拆分：Af（拼音）阿芳；ri（拼音）日；ca（拼音）擦

联想：在非洲，阿芳给日本人擦皮鞋。

ugly [ˈʌgli] adj.丑陋的；难看的

拆分：u（形状像）杯子；gly（拼音）管理员

联想：拿杯子的管理员很难看。

grass [grɑ:s] n. 草

拆分：gr（拼音）工人；ass（英文）驴子

联想：工人把驴子牵到草地上。

nurse [nə:s] n.护士

拆分：nu（拼音）怒；rs（拼音）人参；e（拼音）鹅

联想：护士发怒了，把人参拿给鹅吃。

terrible [ˈterəbəl] adj.可怕的；糟糕的

拆分：ter（拼音）天鹅肉；ri（拼音）日；ble（拼音）玻璃鹅

联想：天鹅肉被可怕的日本人做成了玻璃鹅。

scarf [skɑ:f] n. 围巾

拆分：s（形状像）美女；car（英文）车；f（拼音）风

联想：美女开车怕风，所以系围巾。

blank [ˈblænk] n. 空白

对比：black 黑色的

联想：把空白涂成黑色的。

height [hait] n.高处；身高；高度

拆分：h（形象）椅子；eight（英文）八

联想：这把椅子有八米高。

build [bild] n.体格；体形

拆分：bu（拼音）不；i（英文）我；ld（拼音）劳动

联想：我要不是经常劳动，体形不会这么好。

captain ['kæptin] n.队长；首领

拆分：cap（英文）帽子；tai（拼音）太；n（形状像）门

联想：帽子太高能够到门的是首领。

popular ['pɔpjulə] adj.受欢迎的；通俗的；流行的

拆分：po（拼音）婆；pu（拼音）铺；lar 腊肉

联想：婆婆铺子里的腊肉是很受欢迎的。

blonde [blɔnd] adj.金黄色的

拆分：blo（形状像）610；n（形状像）门；de（拼音）德

联想：610扇金黄色的门被送去德国。

person ['pə:sn] n.人；人物

拆分：per（英文）每；son（英文）儿子

联想：每个儿子都是人物。

beard [biəd] n.胡须

拆分：bear（英文）熊；d（拼音）弟

联想：熊咬到了弟弟的胡须。

opinion [ə'pinjən] n. 观点；看法

拆分：onion（英文）洋葱；pi（拼音）啤

联想：我的观点是把啤酒倒进洋葱里。

wonder ['wʌndə] n.奇迹 v.想知道，对……好奇

拆分：wo（拼音）我；nd（拼音）牛顿；er（拼音）儿

想象：我想知道牛顿的儿子是谁。

most [məust] adj. 大多数的

拆分：mo（拼音）蘑；st（拼音）石头

联想：大多数的蘑菇都长在石头上。

diary ['daiəri] n. 日记

拆分：di（拼音）弟；a（英文）一；ry（拼音）人妖

联想：弟弟让一个人妖写日记。

decide [di'said] vt. 决定

拆分：de（拼音）德；ci（拼音）瓷；de（拼音）德

联想：两个德国人决定把瓷器抬走。

paragliding ['pærə g laidiŋ] n.空中滑翔跳伞

拆分：pa 爬；r（拼音）人；ag 阿哥；liding（拼音）立定

联想：在空中滑翔跳伞的时候，爬到飞机上的人让阿哥立定。

umbrella [ʌm'brelə] n. 伞

谐音：俺不来了

联想：下雨了，没带伞，俺不来了。

Malaysia [mə'leiʒə] n. 马来西亚

拆分：Ma（拼音）马；lay（英文）躺；si（拼音）四；a（形状像）帽子

联想：马来西亚的马躺在四顶帽子上。

once [wʌns] adv. 曾经；一次

拆分：on（英文）在……上面；ce（拼音）厕

联想：房子上面曾经有一个厕所。

twice [twais] adv. 两次；两倍

拆分：tw（拼音）台湾；ice（英文）冰

联想：我曾经两次去台湾买冰块。

junk [dʒʌŋk] n.垃圾；废旧杂物

拆分：ju（拼音）据；nk（拼音）难看

联想：据说难看的东西都是垃圾。

result [riˈzʌlt] n. 结果

拆分：re（拼音）热；su（拼音）苏；lt（拼音）论坛

联想：天热了，苏州论坛还没有结果。

through [θruː] prep. 穿过；通过

拆分：th（拼音）太后；rou（拼音）肉；gh（拼音）刚好

联想：太后满身都是肉，胖得刚好能穿过那扇门。

mind [maind] n. 头脑，想法

拆分：mi（拼音）米；nd（拼音）牛顿

联想：我的想法是把米送给牛顿。

body [ˈbɔdi] n.身体

拆分：bo（形状像）60；dy（拼音）大爷

联想：60岁的大爷身体很好。

competition [kɔmpiˈtiʃən] n. 竞赛；比赛

拆分：com（英文）网络；pe（拼音）胖鹅；ti（拼音）替；tion 神

联想：网络上胖鹅替神参加比赛。

fantastic [fænˈtæstik] adj.极好的

拆分：fan（拼音）翻；ta（拼音）他；st（拼音）身体；ic（英文）IC卡

联想：翻转他的身体发现一张极好的IC卡。

talent [ˈtælənt] n. 天赋，天才

拆分：tale（英文）故事；nt（拼音）奶糖

联想：天才边讲故事边吃奶糖。

truly ['truːli] adv. 真实地；真诚地；正确地

拆分：tr 土人；u（形状像）水桶；ly（拼音）录音

联想：土人躲在水桶里听录音这件事是真实的。

share [ʃɛə] vt. 分享

拆分：sha（拼音）傻；re（拼音）热

联想：傻瓜热情地跟别人分享。

information [ˌinfəˈmeiʃən] n. 信息

拆分：inform（英文）通知；ation（谐音）爱神

联想：通知爱神看信息。

theater ['θiətə] n.剧场；电影院；戏院

拆分：th（拼音）太后；eat（英文）吃；er 儿

联想：太后吃完饭带着儿子去戏院。

comfortable ['kʌmfətəbl] adj. 舒适的；舒服的

拆分：com（英文）网络；for（英文）为了；table（英文）桌子

联想：他上网是为了买一张舒适的桌子。

seat [siːt] n.座位

拆分：s（形状像）美女；eat（英文）吃

联想：美女在座位上吃东西。

screen [skriːn] n.屏幕；银幕

拆分：scr（拼音）四川人；ee（形状像）眼睛；n（形状像）门

联想：四川人眼睛看着门上的屏幕。

ticket ['tikit] n. 票

拆分：ti（拼音）替；ck（拼音）乘客；et（拼音）儿童

联想：替乘客买儿童票。

worst [wəːst] adj. 最坏的；最差的

拆分：wo（拼音）我；rst（拼音）扔石头

联想：我扔石头得到了最差的结果。

song [sɔŋ] n. 歌，歌曲

拆分：song（拼音）松

联想：在松树下面唱歌。

pretty ['priti] adj. 漂亮的，美丽的

拆分：pr（拼音）仆人；et（拼音）儿童；ty（拼音）桃园

联想：仆人把儿童带到一个漂亮的桃园。

magic ['mædʒik] adj.魔术的 n.魔术

拆分：ma（拼音）妈；g（形状像）9；ic（英文）IC卡

联想：妈妈用魔术变出9张IC卡。

prize [praiz] n. 奖赏，奖品

拆分：pr（拼音）仆人；i（英文）我；ze（拼音）择

联想：仆人让我选择奖品。

plan [plæn] vi.,vt.&n. 计划

拆分：plan（拼音）破烂

联想：这是一个破烂计划。

comedy ['kɔmidi] n. 喜剧

拆分：come（来）；dy（拼音）地狱

联想：来到地狱看喜剧。

station ['steiʃn] n. 局；所；站

拆分：st（拼音）神童；ation（谐音）爱神

联想：神童被爱神带到了火车站。

human ['hju：mən] n.人类

拆分：hu（拼音）胡；man（英文）男人

联想：在人类当中，长着胡子的是男人。

servant ['sə:vənt] n.仆人

拆分：s（形状像）美女；er（拼音）儿；v（罗马数字）五；ant（英文）蚂蚁

联想：美女和儿子把五只蚂蚁当仆人。

dangerous ['deindʒrəs] adj. 危险的

拆分：dang（拼音）当；erou（拼音）鹅肉；s（形状像）美女

联想：当鹅肉吃完的时候美女是危险的。

shake [ʃeik] vi. 摇动，震动

拆分：sha（拼音）傻；ke（拼音）课

联想：傻瓜上课时不停地摇动。

machine [mə'ʃi:n] n.机器

拆分：ma（拼音）妈；chine（形似china）中国

联想：妈妈说这台机器是中国制造的。

butter [bʌtə] n.黄油，奶油

拆分：but（英文）但是；ter（拼音）天鹅肉

联想：但是天鹅肉上有黄油。

lettuce ['letis] n. 莴苣；生菜

拆分：let（英文）让；tu（拼音）兔；ce（拼音）厕

联想：让兔子在厕所吃莴苣。

piece [pi:s] n. 一块

拆分：pie（拼音）撇；ce（拼音）厕

联想：嘴巴一撇，一块面包掉进了厕所里。

autumn [ˈɔːtəm] n. 秋季

拆分：au（英文）澳大利亚；tu（拼音）途；mn（拼音）玛瑙

联想：秋季去澳大利亚的途中发现很多玛瑙。

guest [gest] n. 客人

拆分：gu（拼音）姑；est（拼音）饿死他

联想：姑姑不让客人吃饭，说要饿死他。

第十五节　初中英语单词记忆详解（下）

taxi [ˈtæksi] n. 出租车

拆分：ta（拼音）他；xi（拼音）喜欢

联想：他喜欢坐出租车。

advice [ədˈvais] n. 建议

拆分：ad（拼音）阿弟；vi（罗马数字）六；ce（拼音）厕

联想：阿弟建议一天上六次厕所。

wallet [ˈwɔlit] n. 钱包，皮夹子

拆分：wall（英文）墙；et（拼音）儿童

联想：钱包放在墙上被儿童拿走了。

astronaut [ˈæstrənɔt] n. 宇航员；航天员

拆分：a（英文）一；stron（形似strong）强壮的；aut（形似ant）蚂蚁

联想：宇航员带着一只强壮的蚂蚁去太空。

rocket [ˈrɔkit] n.火箭

拆分：rock（英文）岩石；et（拼音）儿童

联想：岩石上有个儿童在发射火箭。

space [speis] n. 空间

拆分：s（形状像）蛇；pa（拼音）爬；ce（拼音）测

联想：蛇边爬边测量空间的大小。

suit [sjuːt] n.一套衣服

拆分：s（形状像）美女；uit（谐音）又挨踢

联想：丢了一套衣服的美女又挨踢。

interview [ˈintəvjuː] v.面试；采访；会见

拆分：inter-（前缀）表示"相互"；view（英文）观察

联想：面试需要相互观察。

future [ˈfjuːtʃə] n. 将来

拆分：fu（拼音）父；tu（拼音）秃；re（拼音）热

联想：父亲对秃子说，将来会很热。

sound [saund] n.声音

拆分：sou（拼音）嗽；nd（拼音）牛顿

联想：咳嗽的牛顿发出奇怪的声音。

strategy [ˈstrætidʒi] n.方法；策略

拆分：str（拼音）石头人；ate（英文）吃；gy（拼音）贵阳

联想：石头人吃完饭去贵阳研究策略。

already [ɔːlˈredi] adv. 已经

拆分：al（拼音）阿里；ready（英文）准备

联想：阿里已经准备好了。

factory ['fæktəri] n.工厂

拆分：fact（英文）事实；o（形状像）呼啦圈；ry（拼音）容易

联想：事实上，工厂里卖呼啦圈很容易。

shape [ʃeip] n.形状；外形

拆分：sha（拼音）傻；pe（拼音）胖鹅

联想：傻瓜在模仿胖鹅的外形。

huge [hju:dʒ] adj.巨大的；极大的

拆分：huge（拼音）胡歌

联想：胡歌的影响力是极大的。

possible ['pɔsəbl] adj.可能的

拆分：po（拼音）婆；s（形状像）美女；si（拼音）四；ble（拼音）玻璃鹅

联想：婆婆说美女一天生产四只玻璃鹅是有可能的。

style [stail] n.风格；式，样

拆分：sty（拼音）晒太阳；le（拼音）乐

联想：晒太阳是一种享乐的风格。

complain [kəm'plein] v.抱怨；控诉

拆分：com（英文）网络；plain（形似plane）飞机

联想：在网络上卖飞机经常遭到抱怨。

adult ['ædʌlt] n.成人，成年人

拆分：adu（拼音）阿杜；lt（拼音）老头

联想：阿杜让成年人照顾这个老头。

except [ik'sept] prep.不包括，除……之外

拆分：ex（拼音）恶心；ce（拼音）厕；pt（拼音）葡萄

联想：恶心的厕所里除葡萄之外什么也没有。

strange [streindʒ] adj.奇怪的

拆分：st（拼音）石头；range（形似orange）橘子

联想：石头和橘子长在一起，真奇怪。

follow ['fɔləu] vt.跟随

拆分：fo（拼音）佛；llo（形状像）110；w（拼音）乌鸦

联想：佛后面跟随着110只乌鸦。

scared [skɛəd] adj. 害怕，恐惧

拆分：s（形状像）蛇；care（英文）照顾；d（拼音）弟

联想：蛇照顾弟弟是很让人恐惧的。

shout [ʃaut] vt.&vi. 喊叫

拆分：shou（拼音）手；t（形状像）伞

联想：手里拿着伞在呼喊。

happen ['hæpən] v.发生

对比：happy 高兴的

联想：玩得正高兴，突然发生一件事。

murder ['məːdə] v.&n.谋杀；凶杀

拆分：mu（拼音）母；rd（拼音）认得；er（拼音）儿

联想：母亲认得谋杀儿子的凶手。

destroy [dis'trɔi] vt. 破坏

拆分：de（拼音）德；str（拼音）石头人；oy（拼音）欧阳

联想：德国的石头人被欧阳先生破坏了。

hero ['hiərəu] n. 被崇拜的对象；英雄

拆分：her（英文）她的；o（形状像）太阳

联想：英雄是她的太阳。

message ['mesidʒ] n. 消息，信息

拆分：me（英文）我；ss（形状像）两个美女；age（英文）年龄

联想：我发信息问那两个美女的年龄。

graduate ['grædjueit] n.大学毕业生

拆分：gr（拼音）工人；adu（拼音）阿杜；ate（英文）吃

联想：大学毕业生让工人请阿杜吃饭。

danger ['deindʒə] n. 危险

拆分：dang（拼音）当；er（拼音）儿

联想：当儿子的不能让父母有危险。

agent ['eidʒənt] n.代理人；代理商

拆分：age（英文）年龄；nt（拼音）难题

联想：如何知道代理商的年龄是个难题。

chance [tʃɑːns] n.机会；机遇

拆分：chan（拼音）蝉；ce（拼音）厕

联想：蝉在厕所里等机会。

injured ['indʒə(r)d] adj.受伤的；受损害的

拆分：in（英文）在……里；ju（拼音）橘；red（英文）红色

联想：里面的橘子变成红色，是受损害了。

shell [ʃel] n. 贝壳

拆分：she（英文）她；ll（形状像）筷子

联想：她用筷子夹贝壳。

monster ['mɔnstə] n.怪物；妖怪

拆分：mon（英文）星期一；s（形状像）美女；ter（拼音）天鹅肉

联想：星期一美女用天鹅肉喂妖怪。

dynasty ['dinəsti] n. 朝代，王朝

拆分：dy（拼音）大爷；na（拼音）哪；sty（拼音）晒太阳

联想：大爷问哪个朝代的人最喜欢晒太阳。

present ['preznt] n. 礼物

拆分：pr（拼音）仆人；e（拼音）鹅；sent（英文）寄

联想：仆人把鹅当作礼物寄出去。

bench [bentʃ] n. 长凳；长椅

拆分：ben（拼音）笨；ch（拼音）茶壶

联想：笨蛋把茶壶放在长凳上。

stage [steidʒ] n. 舞台

拆分：s（形状像）美女；tage（拼音）她哥

联想：美女和她哥在舞台上。

suggest [sə'dʒest] n. 建议

拆分：su（拼音）苏；gg（拼音）哥哥；est（拼音）饿死他

联想：苏哥哥建议饿死他。

mention ['menʃən] v. 提及；说起

拆分：men（英文）男人；tion（拼音）神

联想：男人们经常提到神。

sentence ['sentəns] n. 句子

拆分：sen（拼音）森；ten（英文）10；ce（拼音）厕

联想：森林里有10个人围着厕所造句子。

dessert [di'zə:t] n. 甜点

拆分：desert（英文）沙漠；s（形状像）美女

联想：美女在沙漠里吃甜点。

spread [spred] vt.传播 n.传播

拆分：sp（拼音）视频；read（英文）读

联想：通过视频传播读书的重要性。

stamp [stæmp] n.邮票

拆分：s（形状像）美女；ta（拼音）她；mp（拼音）名片

联想：美女在她的名片上贴邮票。

staff [stɑːf] n.职员；工作人员；全体职员

拆分：s（形状像）美女；ta（拼音）她；ff（拼音）方法

联想：美女向全体职员介绍她的方法。

humorous ['hjuːmərəs] adj. 幽默的

拆分：hu（拼音）胡；mo（拼音）墨；rou（拼音）肉；s（形状像）美女

联想：胡先生把墨水倒在肉里给美女吃，真的很幽默。

silent ['sailənt] adj. 不说话的；沉默的

拆分：si（拼音）四；lent（英文）借出

联想：四个人把钱借出去之后就沉默了。

blouse [blauz] n.（女士）短上衣；衬衫

拆分：b（形象）6；lou（拼音）楼；se（拼音）色

联想：6楼有一件白色的衬衫。

polish ['pɔliʃ] v.磨光；修改；润色

拆分：po（拼音）婆；lish（拼音）历史

联想：婆婆修改了历史。

doubt [daut] vt.&n. 怀疑

拆分：dou（拼音）都；bt（拼音）变态

联想：我怀疑他们都变态。

fridge [fridʒ] n.电冰箱

拆分：fr（拼音）夫人；id（英文）身份证；ge（拼音）哥

联想：夫人把身份证放在哥哥的电冰箱里了。

divide [di'vaidid] vi.&vt. 划分，分

拆分：di（拼音）弟；vi（罗马数字）六；de（拼音）德

联想：弟弟把六个德国人划分开。

poem ['pəuim] n.诗；韵文

拆分：po（拼音）婆；em（拼音）恶魔

联想：婆婆教恶魔写诗。

manage ['mænidʒ] v.管理

拆分：man（英文）男人；age（英文）年龄

联想：男人到了一定的年龄就可以进行管理。

energy ['enədʒi] n. 能量

拆分：en（拼音）恩；er（拼音）儿；gy（拼音）观音

联想：恩格斯带儿子去找观音补充能量。

position [pə'ziʃ ən] n.位置；地方

拆分：po（拼音）婆；si（拼音）四；tion（谐音）神

联想：婆婆的位置比四个神还高。

spare [speə] adj. 空闲的，多余的

拆分：sp（拼音）食品；are（英文）是

联想：这些食品都是多余的。

sense [sens] n.观念，意识；感官；感觉

拆分：sen（拼音）森；se（拼音）色

联想：她意识到森林里会有色狼。

chalk [tʃɔ:k] n. 粉笔

拆分：cha（拼音）茶；lk（拼音）立刻

联想：喝完茶就立刻拿起粉笔写字。

worth [wə:θ] adj. 值得

拆分：wo（拼音）我；rth（拼音）人体画

联想：我买的人体画很值得。

manner ['mænə] n.方式；态度，举止

拆分：ma（拼音）妈；nn（拼音）奶奶；er（拼音）儿

联想：妈妈对奶奶说，儿子的态度很好。

empty ['empti] adj. 空的

拆分：em（拼音）恶魔；pty（拼音）葡萄牙

联想：恶魔从葡萄牙回来时包是空的。

palace ['pælis] n. 皇宫；宫殿

拆分：pa（拼音）怕；la（拼音）拉；ce（拼音）厕

联想：皇宫里的人怕拉肚子都急着找厕所。

market ['mɑ:kit] n. 市场

拆分：ma（拼音）妈；rk（拼音）入口；et（拼音）儿童

联想：妈妈在市场的入口处等儿童。

litter ['litə] v. 乱扔　n. 垃圾；废弃物

拆分：li（拼音）李；tt（拼音）太太；er（拼音）儿

联想：李太太的儿子乱扔垃圾。

advantage [əd'vɑ:ntidʒ] n.优点；好处

拆分：adv（英文）副词；ant（英文）蚂蚁；age（英文）年龄

联想：用副词来描述蚂蚁的年龄有很多好处。

chain [tʃein] n. 链子；链条

拆分：cha（拼音）茶；in（英文）在里面

联想：茶里面有个链条。

thirsty [ˈθəːsti] adj. 口渴的；渴望的

拆分：thirty（英文）三十；s（形状像）美女

联想：美女用渴望的眼神看着周围的三十个人。

opposite [ˈɔpəzit] adj.在……对面

拆分：o（形状像）鸡蛋；pp（拼音）婆婆; sit（英文）坐；e（拼音）鹅

联想：婆婆拿着两个鸡蛋坐在鹅的对面。

bring [briŋ] vt. 带来；拿来

拆分：b（形状像）6；ring（英文）戒指

联想：他带来6个戒指。

double [ˈdʌbl] v. 加倍　adj. 两倍的；加倍的

拆分：dou（拼音）都；ble（拼音）玻璃鹅

联想：都说打烂玻璃鹅要受到加倍处罚。

communication [kəˌmjuːniˈkeiʃn] n.交流，沟通

拆分：com（英文）网络；mu（拼音）母；ni（拼音）你；cation（谐音）开心

联想：母亲在网上和你交流得很开心。

第十六节　历史年代记忆

1. 数字编码记历史年代

朱元璋建立明朝——1368年

联想：朱元璋建立明朝时因为太开心了，请了很多医生（13）吹喇叭（68）为他庆祝。

郑和下西洋——1405年

联想：郑和下西洋时拿了一把钥匙（14）、拉了一车手套（05）就走了，其他的什么都没带。

郑成功收复台湾——1662年

联想：郑成功收复台湾时把石榴（16）和牛儿（62）都拿出来给台湾人民分了。

戊戌变法——1896年

联想：古时候人们腰包（18）里的钱能够买九头牛（96），说明人们的生活已经很好了，就无须（戊戌）变法了。

2. 数字谐音记忆历史年代

商鞅变法——前359年

联想：商鞅在变法时去公园前吃了3只蜗牛。

淝水之战——383年

联想：两个肥得流口水的人为了争夺3把伞（383）而发生战争（因为太肥了，每人一把伞不够用）。

中法战争爆发——1883年年底

联想：中法战争时，中国将士为了保卫一把宝扇（1883）而战争到底。

中日甲午战争——1894年

联想：姨妈（18）每次翻书看到中日甲午战争就想起以前的那些旧事（94）。

莱特兄弟试飞飞机成功——1903年

联想：莱特兄弟虽然试飞飞机成功了，但那时飞机造型显得依旧零散

（1903）。

马克思生日——1818年5月5日

联想：马克思的出生，就像一巴掌（18）一巴掌（18）打得资本家呜呜（55）地哭。

清兵入关——1644年

联想：清兵入关的时候杀了很多人，一路（16）上都是死尸（44）。

王安石变法——1069年

联想：王安石变法的时候曾经邀您遛狗（1069）。

印度民族起义——1857年

联想：印度民族起义就是为了1把武器（1857）。

第十七节　历史条款信息记忆

记忆东盟十国：老挝、马来西亚、新加坡、菲律宾、越南、泰国、柬埔寨、印度尼西亚、文莱、缅甸。

记忆方法：用"字头歌诀法"，每个国家用一个字代替：老、马、新、菲、越、泰、柬、印、文、缅。

然后用谐音法编成一句话：老马新飞跃，太监一碗面。

记忆八国联军：八国联军是指1900年（庚子年）以军事行动侵入中国的英国、法国、德国、俄国、美国、日本、意大利、奥匈帝国的八国联合军队。俄、德、法、美、日、奥、意、英。

谐音记忆：饿得话每日熬一鹰。

战国七雄记忆：齐、楚、燕、韩、赵、魏、秦。

谐音记忆：七叔严寒找围巾。

1842年签订的中英《南京条约》中开放的中国第一批通商口岸由南向北依次是广州、厦门、福州、宁波、上海（广、厦、福、宁、上）。

记忆：光下不能上。

相对于枯燥无味的长篇文字来说，大脑更喜欢歌诀类信息，所以有些历史老师会把书本上的知识编成歌诀，这些有韵律的歌诀读起来朗朗上口，就更有利于记忆。

第十八节　串联联想记忆历史论述题

记忆半坡氏族时期的社会生活情况：

（1）普遍使用磨制石器，使用磨制石器的时代叫新石器时代，他们还使用弓箭。

（2）原始农业已有发展，种植粮食作物粟。我国是最早培植粟的国家，已学会饲养猪狗鸡牛羊。

（3）已使用陶器。

（4）已学会建造房屋，过着定居的生活，已形成村落。

像这样比较长的句子，在考试的时候不一定要一字不漏地叙述出来，只要能把关键点回答上，叙述上没有原则性的错误即可。要记忆这些内容，首先在每一条里找出几个关键词或提示词。如：

（1）磨制石器、新石器时代、弓箭

（2）种植粟、饲养猪狗鸡牛羊

（3）陶器

（4）建造房屋、定居、村落

在回答的时候不一定要完全按照题目的顺序，为了方便记忆，我们可以将其顺序颠倒。

种植粟、饲养猪狗鸡牛羊

陶器

磨制石器、新石器时代、弓箭

建造房屋、定居、村落

利用前面讲过的方法，把它们串联在一起编成一个故事来帮助记忆。

首先将题干"半坡氏族"与"种植粟"进行联想：

半山坡上的原始人在山坡上种植粟，结果很多鸡、狗、猪、牛、羊（饲养猪狗鸡牛羊）都来吃他们的粟。

这些动物实在是太淘气（陶器），于是他们开始磨制石器来打猎，新石器实在（新石器时代）不好用，于是制造了弓箭来狩猎（磨制石器、新石器时代、弓箭）。

最后他们又建造房屋把这些动物给圈养起来，然后他们自己也定居下来，逐渐地形成了村落（建造房屋、定居、村落）。

然后回忆一下，看看自己有没有记住：

"半坡人种植粟—鸡狗猪牛羊来吃—它们淘气—磨制石器—新石器实在（新石器时代）不好用—制造弓箭—建造房屋圈养—自己也定居—形成村落"。这样通过一个故事就把答案要点全串起来了，半坡氏族的社会情况也记住了。

记忆《辛丑条约》的主要内容：

第一，要清政府赔款；

第二，要清政府保证禁止人民反抗；

第三，允许外国驻兵；

第四，修建使馆，划分租界。

首先每一条找一个提示词，也就是能够帮助你回忆的词：

赔款禁止驻兵使馆

赔款的内容就是：钱

然后再进行简化：钱、禁、兵、馆

谐音记忆：前进宾馆

想象《辛丑条约》是在前进宾馆签订的。

当回忆的时候由"钱"就想到赔款，进而想到要清政府赔款；

由"进"想到"禁止"，再想到要清政府禁止人民反抗；

由"宾"想到"驻兵"，再想到允许外国驻兵；

由"馆"想到"使馆"，再想到修建使馆，划分租界。

第十九节　文字定位记忆历史论述题

前面曾经提到过文字定位，但没有具体介绍如何使用，这里就来介绍一下文字定位的运用。

记忆王安石变法的主要内容：

（1）保甲法　（2）青苗法　（3）农田水利法　（4）募役法　（5）方田均税法

这里一共有5个记忆要点，我们要选取由5个字组成的句子来作为定位系统。但是，对于这个问答题，我们发现题干要考察的内容是"王安石变法"，这刚好5个字，用来做这道题的定位系统刚好合适。联想方法如下：

王（国王）——保甲法

国王出宫，当然得有人保驾（保甲法）。

安（马鞍）——青苗法

王安石骑马的时候喜欢在马鞍上垫一些青苗（青苗法），这样坐上去就会觉得很舒服了。

石（石头）——农田水利法

农民们用石头拦成大坝，搞农田水利（农田水利法）建设。

变（政变）——募役法

发生政变时，国家会通过募役法（募役法）征兵。

法（法官）——方田均税法

法官宣判的结果是把不守法的人抓起来放到田里军训（方田均税法）。

记忆《马关条约》后帝国主义对中国的资本输出方式。

（1）开设银行

A. 主要有英国的汇丰银行、德国的德华银行、沙俄的华俄道胜银行、美国的花旗银行、日本的正金银行。

B. 这些银行发行纸币，吸收存款，经营汇兑和高利贷，成为帝国主义对中国输出资本的主要工具。

（2）贷款

甲午战争后，清政府为偿付赔款和"赎辽费"，向外国银行借款共折合白银3亿两，这些借款以海关收入和其他税收作保，还要支付高额利息，严重破坏了中国主权。

（3）修筑铁路

1895—1898年，帝国主义在中国攫取了近1万公里的铁路修筑权，控制了中国内陆交通。

（4）开办工厂

《马关条约》后，帝国主义开始在中国大规模地投资设厂，利用中国劳动力和原料，从事商品生产，剥削中国人民，赚取高额利润。

（5）开采矿山

帝国主义国家还占有辽宁、直隶、新疆等很多地方的煤、铁、金矿的开采权，掠夺中国丰富的地下宝藏。

联想记忆：

我们用"男儿当自强"5个字与上述5条答案进行对应联想。

男——开设银行（英国汇丰、德国德华、沙俄华俄道胜、美国花旗、日本正金）、发行纸币、吸收存款、经营汇兑、高利贷、主要工具。

先记在中国开设银行的国家。

联想：帝国主义趁中国财政困难时机，在中国开设银行，他们认为帝国主义就应（英）过着美日（美、日）子，而中国人民就得饿（德、俄）着。银行在中国发行纸币，吸收存款，经营汇兑、高利贷，变成他们致富的主要工具。

然后，再联想各国的银行名。

联想：

英国汇丰：老鹰（英）不会吃蜜蜂（汇丰）。

德国德华：一个讲道德（德国）的国家却想得到中华（德华）。

沙俄华俄道胜：杀鹅（沙俄）时，划鹅食道省（华俄道胜）力。

美国花旗：美国人爱美也爱穿花旗袍。

日本正金：日本在中国犯下的罪行令世人震惊（正金）。

儿——贷款、清政府、借款、白银3亿两、严重破坏了中国主权。

联想：外国的儿童都能贷款给清政府，因为清政府太穷了，已借款白银3亿两，外国儿童都能控制清政府，这严重破坏了中国主权。

当——修筑铁路、1万公里、控制、内陆交通。

联想：帝国主义叮叮当当地在中国修筑铁路，一晚（1万）就修几公里，控制了内陆交通，只准自己用。

自——开办工厂、商品生产、剥削、赚取高额利润。

联想：帝国主义国家为了自己国家的利益，在中国开办工厂从事商品生产，剥削中国人民，赚取高额利润。

强——开采矿山、辽宁、直隶、新疆、煤、铁、金矿、掠夺中国丰富的地下宝藏。

联想：列强们还强行开采矿山，他们对这块辽（辽宁）阔的土地直（直隶）动心（新疆），什么煤、铁、金矿全要，掠夺中国丰富的地下宝藏。

作为定位系统的文字，最好是题干里面的，有时候题干里面实在不好找，也可以找其他自己熟悉的句子。用来作为定位系统的句子我们把它叫作"外援词"。使用"外援词"时要注意以下几点：

★文字的个数要与所需记忆的条款数目相等

答案有几条就选择几个字，不能多也不能少。如"王安石变法"的主要内容，答案里内容有5条就用"王安石变法"5个字。

★所选择的词句之间必须是紧密相关的

必须选用成语、俗语、歇后语、诗词等相互间存在紧密联系的词句，不能是东一个、西一个临时拼凑的词句。如可以选择人口手、日月星、床前

明月光、春眠不觉晓、飞流直下三千尺等词句，因为这些都是约定俗成的，谁也不能够随便在其中再加减字。答题时数一下所用的定位系统的字数，就知道有几条答案，不会遗漏答案数目。

★借助的词句要选用自己所熟悉的

如果你找的句子连自己都不熟悉，那么回忆的时候可能连借助的词句都想不起来，就更不要说回忆答案了。也就是说，这个"依偎"的"肩膀"不能出问题，如果这个"肩膀"出了差错，那么"依偎"的"人"就没法靠住了。所以一定要选那些你张嘴就来、不假思索就能脱口而出的词句，唐诗宋词、成语、歇后语、熟悉的歌词、歌曲名等都是最佳选择。

★联想前要先找出答案中的关键词或提示词

有的答案中带有一些叙述性的内容，在借助词句进行联想时，"外援词"不可能与答案中的每个字都进行联想，只能先划分出关键词，再用"外援词"与之进行联想，所以需要先找出关键词或提示词。

第二十节　地理一对一信息记忆

1.数字编码记忆江河长度

记忆下列江河的长度。

（1）长江6300千米

（2）黑龙江4350千米

（3）多瑙河2850千米

（4）松花江1927千米

（5）印度河3180千米

把数字转化成编码进行联想：

长江6300千米——潘长江用流沙掩埋了望远镜。

黑龙江4350千米——黑龙将石山推倒，砸到了一个武林高手。

多瑙河2850千米——恶霸把武林高手扔进一条有很多玛瑙的河流。

松花江1927千米——儿媳采松花掉进了江里，要救儿媳。

印度河3180千米——印度河里有一条鲨鱼从印度游到巴黎。

2. 对应联想记忆地理之最

记忆下面的世界地理之最。

世界最长的河流是尼罗河

联想：因为最长的河要流过很多地方，所以肯定会带走很多的泥和螺（尼罗河）。

世界最深的海沟是马里亚纳海沟

联想：最深的海沟太深了，玛莉亚拿着海狗，让它下去测试一下到底有多深。

世界最大的群岛是马来群岛

联想：最大的群岛肯定会吸引很多的马来这里吃草。

世界最大的咸水湖是里海

联想：因为最大的湖里面都是海，所以湖水都是咸的。

世界最小的洋是北冰洋

联想：最小的洋是baby（北冰）洋。

世界最深的湖泊是贝加尔湖

联想：最深的湖里有很多贝壳会夹住人们的耳朵。

世界最大的暖流是墨西哥湾暖流

联想：最大的暖流因为太暖和、太舒服了，来这里洗澡的人通常都会觉得还没洗够（墨西哥）。

世界最热的地方是阿济济亚

联想：最热的地方之所以热是因为这里的人实在太多、太挤了，他们经常说："哎呀，来挤挤呀！"

联想的技巧和注意事项：

联想时能用谐音的首选谐音，如"北冰洋"谐音成"baby"，"墨西哥"谐音成"没洗够"等；谐音困难的，用增减字法，如里海——里面都是海水，贝加尔——贝壳夹住耳朵等。

要注意联想时，叙述性内容要尽量简短，这样回忆起来也可以缩短时间。如果编的故事太长，回忆时不仅费时，而且还有忘记的可能。

第二十一节　地理一对多信息记忆

1.字头歌诀记忆

记忆影响气候的主要因素：海陆分布、洋流、纬度、大气环流、地形。

第一个字分别是：海、洋、纬、大、地

歌诀记忆：海洋围大地。

记忆长江中下游主要河港：宜宾、重庆、武汉、九江、芜湖、南京、南通、张家港。

歌诀记忆：宾（宜宾）客重（重庆）来，宜昌会晤（武汉）。

敬酒（九江）五壶（芜湖），难难（南京、南通）老张（张家港）。

记忆我国储量居世界首位的金属：钨、锑、稀土、锌、钛、钒。

歌诀记忆：五弟吸毒心太烦，首位金属记心间。

记忆我国的14个沿海开放城市：

按由北到南的顺序依次是：大连、秦皇岛、天津、烟台、青岛、连云港、南通、上海、宁波、温州、福州、广州、湛江、北海

但是我们在记忆的时候不一定要按顺序记，为了方便记忆，可以打乱它们的顺序，按下面的顺序排列：温州、宁波、福州、秦皇岛、广州、大连、连云港、天津、南通、上海、北海、烟台、青岛、湛江。

每个地名取一个字代替：

温、宁、福、秦、广、大、连、天、南、海、北、烟、青、湛

歌诀记忆：闻您父亲逛大连，天南海北宴请咱。

记忆我国的五岳：

东岳泰山、西岳华山、南岳衡山、北岳恒山、中岳嵩山

歌诀记忆：东西太滑（东岳泰山、西岳华山）路难走，

南北两横（南岳衡山、北岳恒山）又受阻。

中部山高（中岳嵩山）耸入云，五岳山名诗中出。

记忆与中国接壤的15个国家（另一说法是锡金被并入印度，只有14个，这里还是按15个来记忆）：

俄罗斯、哈萨克斯坦、吉尔吉斯斯坦、塔吉克斯坦、蒙古、朝鲜、越南、老挝、缅甸、印度、锡金、不丹、尼泊尔、巴基斯坦、阿富汗。

同样为了记忆方便，可以改变顺序：越南、俄罗斯、缅甸、不丹、蒙古、哈萨克斯坦、塔吉克斯坦、吉尔吉斯斯坦、印度、老挝、锡金、尼泊尔、巴基

斯坦、阿富汗。

歌诀记忆：

月娥（越南、俄罗斯）姑娘真腼腆（缅甸）

布单蒙头盖仨毯（不丹、蒙古、哈萨克斯坦、塔吉克斯坦、吉尔吉斯斯坦）

度过稀泥去朝鲜（印度、老挝、锡金、尼泊尔）

吧唧吧唧一身汗（巴基斯坦、阿富汗）

记忆中国的省、自治区、直辖市：

北京市、天津市、上海市、重庆市、河北省、河南省、辽宁省、吉林省、黑龙江省、湖北省、湖南省、安徽省、山东省、江苏省、浙江省、江西省、甘肃省、山西省、陕西省、福建省、广东省、青海省、西藏自治区、四川省、贵州省、云南省、宁夏回族自治区、海南省、新疆维吾尔自治区、内蒙古自治区、广西壮族自治区、台湾省。

这么多省份乍一看上去可能会吓一跳，怎么样才能快速记住呢？利用歌诀法就非常简单了。

两湖两广两河山，

五江二宁青陕甘，

北云四贵上西天，

蒙海台重吉福安。

然后再弄清楚每一句代表哪些省份：

两湖：湖北、湖南

两广：广东、广西

两河：河南、河北

两山：山东、山西

五江：江苏、江西、浙江、黑龙江、新疆（疆和江谐音）

二宁：宁夏、辽宁

青陕甘：青海、陕西、甘肃

北云四贵上西天：北京、云南、四川、贵州、上海、西藏、天津

谐音记忆：背运死鬼上西天

蒙海台重吉福安：内蒙古、海南、台湾、重庆、吉林、福建、安徽

谐音记忆：孟海抬虫欺负俺

2. 故事记忆

记忆注入北冰洋的河流：勒拿河、叶尼塞河、鄂毕河、额尔齐斯河。

联想：你被一个歹徒绑架，捆着吊在冰冷的北冰洋里，他们勒令你拿出宝盒（勒拿河），并威胁说，不交出来，夜里还把你塞河里（叶尼塞河），冻不死，也饿毙河（鄂毕河）里，结果饿而气死河里（额尔齐斯河）。

记忆注入太平洋的河流：黄河、长江、黑龙江、湄公河。

联想：我到太平洋保险公司给单位投保，没有保管好收据，偏巧保险公司电脑里也没记录，有人告我贪污该款，这下我可跳进黄河长江也洗不清。于是四处找证明，忙得没工夫喝（湄公河）水，赶紧去找黑龙（黑龙江）。

3. 定位记忆

我国55个少数民族按照人口数量由多到少的顺序依次是：

1. 壮族 2. 满族 3. 回族 4. 苗族 5. 维吾尔族 6. 土家族 7. 彝族 8. 蒙古族 9. 藏族 10. 布依族 11. 侗族 12. 瑶族 13. 朝鲜族 14. 白族 15. 哈尼族 16. 哈萨克族 17. 黎族 18. 傣族19. 畲族 20. 傈僳族 21. 仡佬族 22. 东乡族 23. 拉祜族 24. 水族 25. 佤族26. 纳西族 27. 羌族 28. 土族 29. 仫佬族 30. 锡伯族31. 柯尔克孜族32. 达斡尔族33. 景颇族 34. 毛南族 35. 撒拉族36. 布朗族37. 塔吉克族 38. 阿昌族 39. 普米族 40. 鄂温克族 41. 怒族42. 京族43. 基诺族 44. 德昂族 45. 保安族 46. 俄

罗斯族 47. 裕固族 48. 乌孜别克族 49. 门巴族 50. 鄂伦春族 51. 独龙族 52. 塔塔尔族 53. 赫哲族 54. 高山族 55. 珞巴族

这里用55个地点或55个数字编码进行定位，把每个民族用谐音、代替或增减字的方式和定位系统进行联想，很快就能记住。数字编码定位和地点定位的联想的方式在前面已经讲过很多，这里不再介绍。

用文字定位记忆我国森林资源的特点：

（1）宜林地广

（2）森林覆盖率低

（3）森林分布不均

（4）木材蓄积量少

（5）森林资源破坏严重

我们选择"春眠不觉晓"这5个字来进行定位记忆：

春——宜林地广

联想：春天来了，我国适宜植树造林的地方非常广（宜林地广）阔。

眠——森林覆盖率低

联想：为了抓紧时间造林，大家顾不上睡眠。在大家的努力下，一片片森林覆盖了绿地（森林覆盖率低）。

不——森林分布不均

联想：经过大家的不断努力，解决了森林分布不均（森林分布不均）的问题。

觉——木材蓄积量少

联想：通过植树造林，大家觉得只有这样才能保证我国木材蓄积量不会减少（木材蓄积量少）。

晓——森林资源破坏严重

联想：同时，大家也晓得了这样一个道理，即森林资源必须得到保护，不能破坏，否则就会面临严重（森林资源破坏严重）的自然环境问题。

这样通过"春"想到"宜林地广"；通过"眠"想到"森林覆盖率低"；通过"不"想到"森林分布不均"；通过"觉"想到"木材蓄积量少"；通过"晓"想到"森林资源破坏严重"，那么，这道题目就完全记住了。

也许有人会问："我们要记的内容那么多，有那么多熟语可用吗？"其实，这个问题不必担心。每位同学从小就会背诵一些唐诗、宋词，加上我们平时学到的一些成语、短语、歇后语等，应该足够对付了。如果平时再注意积累一些三字经、五言诗、七言诗或歌词等，那就绰绰有余了。

记忆法的核心就是以熟记新，你的知识面越广，掌握的熟语就越多，停泊知识的港湾就越多，记忆知识也就越容易。所以平时要多积累一些熟语，并经常用这些熟语来记忆新知识。

第二十二节　万年历记忆

在万年历的记忆中，我们引入了C值、Y值、M值、D值等概念，分别用来表示年份中的世纪（Century，即百年）值、年份（Year）值、月份（Month）值和天（Day）数的值。该天是星期几，由C值、Y值、M值、D值相加的和决定。

例如，1999年10月01日（50周年国庆）时，上述四个值分别为：

C值：（由世纪数19换算得）0

Y值：（由年份数99换算得）4

M值：（由月份数10换算得）0

D值：（由天数01换算得）1

故1999年10月01日C+Y+M+D=0+4+1+0=5，所以该天是星期五。

接下来由下面问题指引我们对于C值、Y值、M值、D值的换算规律。

比如，2008年8月8日北京奥运会开幕那一天是星期几？

1. 世纪码C值的计算

记忆要点：记下0世纪、1世纪、2世纪、3世纪的对应值，同时由此推算从4世纪往后的世纪值。C值每400年依次重复6、4、2、0这四个数字。

任意一个世纪数C值的获取，可以按照以下规律：该世纪数减去小于或等于本身的4的最大倍数，所得差数字（一定是0、1、2、3）对应世纪数的C值（0世纪是6、1世纪是4、2世纪是2、3世纪是0）。例如，5092年的C值的计算过程是：50-48=2（2对应世纪值是2），故5082年的C值是2。

世纪值（C值）

0××年：6	1××年：4	2××年：2	3××年：0
4××年：6	5××年：4	6××年：2	7××年：0
8××年：6	9××年：4	10××年：2	11××年：0
12××年：6	13××年：4	14××年：2	15××年：0
16××年：6	17××年：4	18××年：2	19××年：0
20××年：6	21××年：4	22××年：2	23××年：0
24××年：6	25××年：4	26××年：2	27××年：0

所以，我们找到2008年的C值是6。

2. 年码Y值的计算

记忆要点：记下每个世纪00年—27年年份对应的Y值，由此推算从27年往后的Y值。Y值每28年依次重复00年—27年的数字。

任意一个年码Y值的获取，可以按照以下规律：该年数减去小于或等于本身的28的最大倍数，所得差数字（一定是00~27）对应世纪数的Y值。例如5082

年的Y值计算过程是：82-56=26（26对应Y值是4），故5082年的Y值是4。

年份值（Y值）

00-0　01-1　02-2　03-3　04-5　05-6　06-0　07-1　08-3　09-4

10-5　11-6　12-1　13-2　14-3　15-4　16-6　17-0　18-1　19-2

20-4　21-5　22-6　23-0　24-2　25-3　26-4　27-5　28-0　29-1

30-2　31-3　32-5　33-6　34-0　35-1　36-3　37-4　38-5　39-6

40-1　41-2　42-3　43-4　44-6　45-0　46-1　47-2　48-4　49-5

50-6　51-0　52-2　53-3　54-4　55-5　56-0　57-1　58-2　59-3

60-5　61-6　62-0　63-1　64-3　65-4　66-5　67-6　68-1　69-2

70-3　71-4　72-6　73-0　74-1　75-2　76-4　77-5　78-6　79-0

80-2　81-3　82-4　83-5　84-0　85-1　86-2　87-3　88-5　89-6

90-0　91-1　92-3　93-4　94-5　95-6　96-1　97-2　98-3　99-4

从上面的数字表中可以找到08对应的值是3，所以2008年的Y值是3。

3. 月码M值的计算

一月份：0（闰年-1）　二月份：3　（闰年2）三月份：3

四月份：6　　　五月份：1　　　六月份：4

七月份：6　　　八月份：2　　　九月份：5

十月份：0　　　十一月：3　　　十二月：5

闰年的通俗理解：平时除以4，逢千年除以400，整除者为闰年。

简练描述：逢四年一闰，逢百年不闰，逢四百年再闰。

所以8月的月码是2。

4. 日码D值的计算

日码即日期里的号数，例如：8月20日，日码就是20。

因为每个星期只有7天，为了速算要求，可以先除以7取余数。

$20÷7＝2余6$

所以8月20日的日码是6。

8月8日的日码是$8÷7＝1余1$

所以开始的问题2008年8月8日是星期几运算如下：

C（20）=6　Y（08）=3　M（8）=2　Y（8）=1

6+3+2+1=12

由于每个星期只有7天，我们不能说星期十二，所以要减去7的倍数：$12－7＝5$

所以2008年8月8日是星期五。

例如：计算下列日期是星期几。

（1）1982年4月18日

C（19）＝0；　Y（82）＝4；　M（4）＝6；

D（18）的计算方式：18减7的倍数14等于4，故D（18）＝4

C值+Y值+M值+D值＝0+4+6+4＝14

$14－14＝0$

所以1982年4月18日是星期日。

（2）6085年12月20日

C值的计算方式：60减去小于或等于60的"4的最大倍数"

$60－60＝0$，即C（60）＝C（0）＝6；

Y（85）＝1；　M（12）5；　D（20）＝6

6+1+5+6=18

$18－14＝4$

所以6085年12月20日是星期四。

（3）9999年12月31日

C值：$99－96＝3$，即C（99）＝C（3）＝0；

Y（99）=4；　M（12）=5；　D（31）=31−28=3

0+4+5+3=12

12−7=5

所以9999年12月31日是星期五。

需要注意的是C值、Y值、M值、D值相加后所得的和如果大于7，一定要减去7的倍数，得到一个小于7的数才是最终的星期值。

算一下你出生的那一天是星期几，然后查看日历对照一下看看是否正确，如果正确，再试着计算你爸爸妈妈出生的那一天的星期值。

5.总结

（1）如果是一万年的计算，需要记下100个世纪对应的世纪码，不过人类历史现在总共就20多个世纪。一般只需记忆人类有历史的世纪编码，而且这些编码每隔4个世纪就轮回一次。

（2）需要特别注意的是，在计算1582年10月14日以前的万年历的时候，要在以上计算方法的基础上减去11，记得修正后的正确万年历，这与历史上的人为因素变更改日历的事件有关。

在1582年罗马教廷进行了历法改革，将用了1600多年的"儒略历"改成了"格里高利历"，这就是我们现在所使用的公历。这一年的10月5日至14日的10天在欧洲历史上是缺失的，10月4日后紧跟着10月15日。这一年在中国历史上正好是明神宗万历十年。为了这缺失的10天，在欧洲曾因此发生过战争。计算的时候要减去这10天，即减去11。

（3）世纪码和年代码加起来，组成某一年份的年份码，年份码每28年一轮回重复，比如2006年的年份码（不同于年码概念）是6，那么在28年后即2034年的年份码仍为6。

注：以上规律适用1582年以后的公历。

附录　数字编码系统

01		小树	1像树干
02		铃儿	谐音
03		凳子	3条腿
04		轿车	4个轮子
05	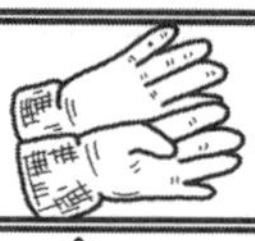	手套	5个手指
06	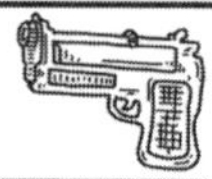	手枪	6发子弹
07	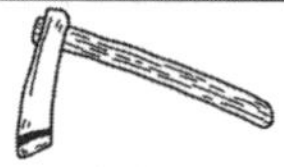	锄头	7像锄头
08		溜冰鞋	8个轮子
09		猫	"九命猫"
10	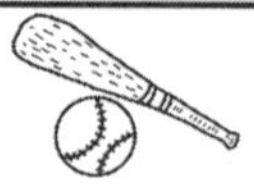	棒球	10像棒球

11		筷子	11像筷子
12		椅儿	谐音
13		医生	谐音
14		钥匙	谐音
15		鹦鹉	谐音
16		石榴	谐音
17		仪器	谐音
18		腰包	谐音
19		衣钩	谐音
20		香烟	一包烟20支
21		鳄鱼	谐音
22		双胞胎	两个一样
23		和尚	谐音
24		闹钟	一天24小时
25		二胡	谐音

26		河流	谐音
27		耳机	谐音
28		恶霸	谐音
29		阿胶	谐音
30		三轮	谐音
31		鲨鱼	谐音
32		扇儿	谐音
33		星星	"闪闪"的星星
34		三丝	谐音
35		山虎	谐音
36		山鹿	谐音
37		山鸡	谐音
38		妇女	三八妇女节
39		山丘	谐音
40		司令	谐音

41		蜥蜴	谐音
42		柿儿	谐音
43		石山	谐音
44		蛇	发出的声音
45		师父	谐音
46		饲料	谐音
47		司机	谐音
48		石板	谐音
49		湿狗	谐音
50		武林	谐音
51		工人	五一劳动节
52		鼓儿	谐音
53		乌纱帽	谐音
54		青年	五四青年节
55		火车	发出的声音

56		蜗牛	谐音
57		武器	谐音
58		尾巴	谐音
59		蜈蚣	谐音
60		榴莲	谐音
61		儿童	"六一"儿童节
62		牛儿	谐音
63		流沙	谐音
64		螺丝	谐音
65		尿壶	谐音
66		蝌蚪	形状像
67		油漆	谐音
68		喇叭	谐音
69		太极图	形状像
70		冰激凌	谐音

71		鸡翼	谐音
72		企鹅	谐音
73		花旗参	谐音
74		骑士	谐音
75		西服	谐音
76		汽油	谐音
77		机器人	谐音
78		青蛙	谐音
79		气球	谐音
80		巴黎铁塔	谐音
81		蚂蚁	谐音
82		靶儿	谐音
83		芭蕉扇	谐音
84		巴士	谐音
85		宝物	谐音

86		八路	谐音
87		白棋	谐音
88		爸爸	谐音
89		芭蕉	谐音
90		酒瓶	谐音
91		球衣	谐音
92		球儿	谐音
93		旧伞	谐音
94		酒师	谐音
95		酒壶	谐音
96		旧炉	谐音
97		旧旗	谐音
98		球拍	谐音
99		舅舅	谐音
00		望远镜	形状像